最应了解的
ZUIYING LIAOJIE DE

日常生活知识
RICHANG SHENGHUO ZHISHI

生活处处有学问，处处有知识。本书从青少年的生活需要出发，将生活常识分为饮食、日常保健、自我保护、急救、礼仪与人际交往几个大类，从不同的角度向青少年介绍日常生活知识，可以让青少年掌握一些生活的诀窍，从而适应独立的生活。

本丛书编委会 编

中国出版集团
世界图书出版公司

图书在版编目（CIP）数据

最应了解的日常生活知识/《青少年技能培养丛书》
编委会编．—广州：广东世界图书出版公司，2009.6（2021.5重印）
（青少年技能培养丛书）
ISBN 978 - 7 -5100 -0689 -0

Ⅰ. 最… Ⅱ. 青… Ⅲ. 生活—知识—青少年读物 Ⅳ.
TS976. 3 -49

中国版本图书馆 CIP 数据核字（2009）第 102880 号

书　　　名	最应了解的日常生活知识
	ZUIYING LIAOJIE DE RICHANG SHENGHUO ZHISHI
编　　　者	《青少年技能培养丛书》编委会
责任编辑	杨　婷　张梦婕
装帧设计	三棵树设计工作组
责任技编	刘上锦　余坤泽
出版发行	世界图书出版有限公司　世界图书出版广东有限公司
地　　　址	广州市海珠区新港西路大江冲 25 号
邮　　　编	510300
电　　　话	020-84451969　84453623
网　　　址	http://www.gdst.com.cn
邮　　　箱	wpc_gdst@163.com
经　　　销	新华书店
印　　　刷	三河市人民印务有限公司
开　　　本	787mm×1092mm　1/16
印　　　张	13
字　　　数	160 千字
版　　　次	2009 年 6 月第 1 版　2021 年 5 月第 9 次印刷
国际书号	ISBN　978-7-5100-0689-0
定　　　价	38.80 元

前　言

有一句玩笑话是这样说的："生容易，活着也容易，但是生活确实很不容易。"这虽然只是一句笑话，却说出了我们生活中有着没完没了的麻烦事。的确是这样的，人生在世，"吃、穿、用、行"哪一样我们能少得了？但是我们又能够驾驭哪一样呢？正是这样，于是烦恼便一个一个的来拜访我们了。

比如说吃，可以吃的东西是五花八门，花样繁多，可是怎样吃才能够吃出健康呢？又比如说与人的交际，有人不善言辞，不善与人交往，但是现在毕竟不是"老死不相往来"的年代，如何才能解决与人交往的问题呢？现在的生活工作学习压力不断增加，各种各样的心理问题也出现在我们日常生活当中，常常成为前进的绊脚石，干扰着我们的正常生活，怎样才能拥有健康的心理呢？

面对这些问题，本书将从日常饮食、日常保健、交际礼仪、户外急救及自我保护等方面详细地介绍日常生活中最应该了解的生活常识。了解了这些基本常识，才能够更好地生活，而不再为生活所累。

实用性较强，是本书的重要特色，另外，书中语言通俗易懂，形式简单有效，内容丰富新颖，知识广博，针对性强。翻阅此书，掌握方法，你就会发现，解决生活中的许多问题真的是可以举重若轻，你的生活也会变得真正轻松而愉快。

1

目　录

1

3

4

Zui yinghaojie de richang shenghuo zhishi

5

第一章　健康饮食常识

第一节　青春期饮食

一、智力发育需要的营养成分

　　成人的大脑只有 1400 克左右，儿童的大脑更轻。一般来说，大脑的重量只占人体重量的 1/40～1/50，但它每天消耗的能量却占全身消耗能量的 1/5。这种情况提示我们，如果营养缺乏，最先出现反应的肯定是智力。科学家在对少年进行智力的测验中发现，凡记忆力差、观察力减退的孩子，都与儿童期或青春期长期营养不良有直接关系。

　　那么哪些饮食成分能促进和改善人的神经系统，加强智力呢？我们从法国全国保健和医学研究所主任、大脑生物学家玛丽·布雨博士所著的《大脑饮食》一书中，可以找出使少年更聪明的饮食成分：

　　1. 维生素

　　维生素类对智力的作用，是使大脑将食物营养变成智力活动的能量。没有它们，再好的营养成分也不能造就聪明的孩子。

　　在所有的维生素中，对智力影响最大的是维生素 B 族、维生素 C、维生素 D、维生素 A 和维生素 E。人的神经系统对缺乏维生素 B 类尤其敏感。如果缺乏维生素 B_1，会导致神经细胞衰退，功能变弱。因此，不能让孩子总是吃精白米和精白面，要经常吃些糙米、玉米等"粗食"，还要多吃瘦猪肉，这些食物中含维生素 B_1 较多。如果缺乏维生素 B_6，神经系统的功能会紊乱，孩子会厌食、烦躁、注意力无法集中。这时应该让他们吃些含酵母的食品，如馒头等，也可以多吃火腿。维生素 C

1

是神经传递介质的重要组成部分，缺少它，大脑接受外来刺激、向外发布命令的"线路"就会变得不通畅，因此，维生素 C 的多少会直接影响到智商。实验证明：维生素 C 的消耗量增加 50%，智商就能增加 4 个百分点，所以孩子更应该多吃富含维生素 C 的水果和蔬菜。维生素 D

能使神经细胞的反应敏捷，人会变得果断和机智。因此，要多吃鱼类，尤其是鱼肝油。维生素 A 是合成视紫红质的原料，若缺乏，视紫红素的再生慢而不安全，引起夜盲症。缺乏维生素 A 还会引起眼部角膜与结膜上皮组织角化、泪液分泌减少，引起干眼病。维生素 A 主要来自动物肝脏，如鱼肝油、鱼卵、奶油、禽蛋等。维生素 E 也具有防止脑细胞衰老的功效，如果缺乏，脑细胞膜就会坏死，人就会变得呆傻。富含维生素 E 的食物主要有动物肝脏、植物油以及含麦芽的食品，如啤酒、麦芽糖等。

2. 蛋白质

一个神经细胞和另一个神经细胞进行联系，互相传递信息时，需要一种传递介质来沟通两个神经细胞，这种传递介质是由促成蛋白质的氨基酸制造的。因此经常补充蛋白质，是维持智力活动的必须条件。蛋白质的质和量，是提高脑细胞活力的重要保证，质和量的不足都会使大脑发育不良。植物中以花生和大豆含蛋白质较多。但有人认为：理想的蛋白质摄入是动、植物各占一半，而动物蛋白质中鱼和肉各占一半。

3. 脂肪

想要在智力上有更佳的表现，身体和精神更加健康，就离不开脂肪。大脑必需的脂肪包括 omega－3 和 omega－6，而相当多的人体内都缺乏这两种脂肪酸。想要获得充足的大脑必需脂肪酸，饮食中应含有足够的种子食物、种子油以及深海鱼类等。

如果去掉大脑中的水分，脂肪占余下成分的 60％。为了保证大脑正常运转，我们需要不断地补充大脑消耗的脂肪，更为重要的是，我们要知道什么样的脂肪能够更好地给大脑补充营养。一定量的脂肪不但对身体健康颇为重要，对大脑营养及精神健康也是举足轻重的。补充适量的脂肪不仅帮助你远离一些由于脑部脂肪酸匮乏所引发的疾病——抑郁症、诵读困难症、注意力缺陷障碍、疲惫、记忆力障碍、早老性痴呆症以及精神分裂症，而且可以提高智力。我们在生活和学习中的自我表现都取决于精神智力、情绪智力以及身体智力的平衡。精神智力是我们所熟知的，人们通常用聪明与否来描述精神智力的高低，通过 IQ（智商）测试，我们也可知道一个人在学习新东西以及处理复杂问题时的能力。EQ（情商），即一个人以合适的方式对某种场合做出情绪反应的能力，它和智商一样重要。如果你很容易发脾气、经常在极度亢奋后又感到非常沮丧、情绪不稳定，那么你需要提高你的情商——无论你自我感觉多么良好。PQ（体商）则是用来衡量大脑与身体的协调一致性的指标。举例来说，许多被诊断有注意缺陷障碍症状的孩子天生都比较肥胖，并且在课堂书写笔记以及朗读上有困难。无论是 IQ、EQ 还是 PQ，都与我们所摄入的必需脂肪酸密切相关，这种大脑必需的脂肪酸包括omega－3和 omega－6。在动物界，含有必需脂肪酸少的动物智力比较低下，记忆力较差。缺乏必需脂肪酸的孩子普遍在学习上表现得迟钝，一项对 8岁儿童进行的 IQ 测试研究表明，母乳喂养的孩子要比奶粉喂养的孩子更聪明，而这种差异的原因在于母乳中含有更丰富的必需脂肪酸。总而言之，脂肪并不是很多人认为的赘肉和不健康的物质，相反，它对人体有十分重要的正面作用——一些好脂肪是人体必不可少的。必需脂肪酸不但可以改进智力、平衡心态，还可以降低患许多疾病的风险，如癌症、心脏病、过敏、关节炎、湿疹以及伤口感染等。

必需脂肪酸检查：

☐你在学习上是否有困难？

☐你是否觉得记忆力差或注意力涣散？

☐你的协调性是否不好或者视力受到损害？

3

□你的头发是否很干燥，不易梳理或有很多头皮屑？

□你的皮肤是否干燥、粗糙，易患湿疹？

□你的指甲是否易裂，或者过于柔软？

□你是否经常感到口渴？

□你是否有经期综合征或乳房胀痛现象？

□你是否经常感到眼部不适，如干燥，爱流泪，甚至发痒？

□你是否患有关节炎等炎症问题？

□你是否患有高血压或高血脂？

如果你对4个以上的问题都做出了肯定回答，那么你很有可能缺乏必需脂肪酸。检查一下你的饮食是否含有足够的种子食物、种子油以及鱼类。当然，要想知道你身体的脂肪状况，最准确的方式还是去医院做一个血液检查，该检查可以详细地列出你所缺乏的脂肪种类。

无论是动物油还是植物油，大多都含有人体必需的亚油酸。补充这种亚油酸的最好方法是将动物油和植物油混合食用，这将对智力大有好处。

必须注意的是，无论是猪油等动物脂肪还是各种植物油，凡是有"哈喇味"的油脂，绝对不能食用，因为它们特别容易被大脑吸收，既对智力无益，又削弱大脑的功能。

4. 糖

要想大脑科学运转，必须用足够的糖来"喂"它，因为大脑喜欢吃糖。经过测试，大脑每小时要消耗5克糖，每天需100～200克糖，相当于24块糖果或240克面包的含糖量。与全身对糖的消耗量相比，这是非常可观的。

科学家研究证明，大脑的思维活动和一切智力的活动都是需要能量的，而供给大脑活动能量的物质主要是葡萄糖，大脑消

耗的葡萄糖要占每日摄入的葡萄糖总量的 20%。可见，葡萄糖是大脑智力活动不可缺少的营养素。因此，为了维持和增强人的智力，饮食中不可缺少葡萄糖。为了保证大脑智力活动有足够的能量，要多食用含碳水化合物（糖）多的食物，如米、面、大豆、山芋和各种薯类。人体有一种特殊的生理功能，即总是将血液中葡萄糖的浓度维持在一定的水平。如果血液中葡萄糖的浓度过低而出现"低血糖"，那么大脑会立即发生智力障碍，出现头昏目眩、晕厥甚至昏迷等轻重不同的症状。因此，将血糖维持在适当的水平，对大脑智能活动是非常重要的。但应该指出的是，为了保护智力，吃糖的问题也应全面考虑。因为大量地吃碳水化合物会引起肥胖或造成其他危害，因此，在考虑糖类的摄入量时应适当，也就是不能仅仅注重蛋白质而忽视了糖类的供给，也不可超过生理需要的数量。

5. 微量元素

在人体内，存在着多种矿物质，按其在人体内含量的多少，可分为常量元素和微量元素两种。目前的研究成果已经表明，人体内的许多矿物质都是人体所必需的。如微量元素，至少有铁、锌、铜、锰、铬、碘等 11 种是人体必需的，这些微量元素的存在，影响着人体各种机能的运行，如果缺乏，不但会威胁到我们的智力，还会对我们身体健康造成严重的伤害。

真的有这么严重吗？不会是危言耸听吧？然而，事实就是如此！有许多资料表明：锌、铜、铁、碘等元素偏低的人智商明显低下，少年时期如果缺乏这些微量元素，则会导致儿童智力发育迟缓。

锌有"智力之源"的美称，与智力有着密切的联系。锌是人体内近百种酶的组成成分和启动剂，它参与蛋白质和核酸的合成，从而影响细胞的分裂、生长和再生，并对促进儿童智力发育有着十分重要的作用。事实证明，锌缺乏过多的儿童往往智力发育不良，而体内锌含量相对较高的儿童，则智力较好且学习成绩优异。

铁是几十种生物氧化酶的辅酶，与智力发育关系密切，缺乏铁的孩子心智发育指数低于正常孩子，主要表现在反应迟钝、语言能力和观察力落后等方面。此外，铁对于锌的吸收作用很大，铁的缺失会影响到人

5

体对锌的吸收。医学研究证明，在后天智力发育迟缓的病儿中，由于缺铁、缺锌而造成的占了相当大的比例。

铜是维护中枢神经系统健康的元素，负责维护脑组织和髓鞘的正常结构功能，缺铜可导致脑的生物氧化过程受阻，进而影响人的智力，因此铜也是不容忽视的一种元素。

最后，着重讲讲碘元素，因为碘元素与人的智力关系十分密切，有"智力元素"之称。碘的主要作用是合成甲状腺素，控制脑能量代谢和氧化磷酸化的过程，缺碘引起的最典型的症状就是智力低下。

碘的缺乏会造成人的智力发育迟缓，严重的碘缺乏甚至会引起地方性克汀病，患者表现为发育落后，智力低下；在碘缺乏地区没有典型的克汀病症状的人，学习能力、认知能力也低于正常人。而且婴幼儿时期缺碘对儿童智力发育的伤害是不可逆转的。所以说，缺碘的危害十分深远，家长们应当提高警惕。

目前，卫生部已经把孕、产、哺乳期妇女和学龄前儿童的碘营养水平列为临床常规检测项目，并规定在婚育学校需开设碘缺乏病常识课程。每个准备做母亲的女性都应该意识到，适宜的碘营养对保证胎儿和婴幼儿的脑发育和体格发育是必不可少的。

二、益智食物种类

人的智力水平虽然与遗传因素有关，但在胎儿出生以后，饮食营养状况就上升为影响智力高低的主要因素。这与中医强调的"先天之本和后天之本并重"是一致的。我国古代医药学家们积累了不少关于补脑、增智、增强记忆力的食物知识。现代营养学研究证明，通过调节食物的摄入可以改善脑的结构或功能。下面介绍几种常见的益智健脑食物。

1. 鱼类

各种鱼都对我们的大脑功能都有促进作用。生活在水中的鱼鲜贝类，含有较多的不饱和脂肪酸，这些不饱和脂肪酸能够参与制造脑细胞，而且蛋白质、维生素、微量元素的含量也很高，可以促进智力的提高。

值得一提的是，鱼鳞中所含的健脑成分往往高于鱼肉，尤其是无机元素如钙、磷的含量更高。美国马萨诸塞州理工学院的柯尔曼博士研究发现，鱼鳞含有较多的卵磷脂，在一定程度上可以增强记忆力，并可控制脑细胞衰退，还含有多种不饱和脂肪酸，是构成神经细胞膜的重要物质。

2. 金针菇

金针菇又叫冬菇、朴菇，它清嫩爽口，鲜美味香，是一道极为高档的佳肴。因其干品形似金针菜（即黄花菜），故名之。

金针菇之所以受到人们的青睐，主要是由于它含有丰富的营养成分并具有重要的保健作用。它含有人体必需的氨基酸，特别是儿童生长发育所必需的赖氨酸。因此，在国外把它称为"益智菇"、"增智菇"。同时，金针菇又是一种高钾低钠食品，并含有维生素 B_1、维生素 B_2、维生素 E 以及较高含量的微量元素锌。这些不仅对儿童的生长发育有很大好处，也特别适合高血压患者和中老年人食用。此外，金针菇还具有抗癌的作用，因为它含有的朴菇素能有效地抑制肿瘤的生长。

各种实验证明金针菇可增加人体的生物活性、促进人体内的新陈代谢、有助于食物中的各种营养素的吸收和利用。金针菇还具有降低胆固醇的作用，它可使中老年人的血脂降低，血红蛋白升高。所以，无论是儿童还是中老年人，金针菇都是非常理想的保健食品。

3. 木耳

木耳有白木耳和黑木耳之分。木耳的益智作用，在《神农本草经》

7

中就有记载，称它能"益智健脑，轻身强智"。木耳中所含有的营养成分主要有蛋白质、脂肪、糖类、钙、磷、铁、胡萝卜素、维生素、卵磷脂、脑磷脂等。其中，卵磷脂等不饱和脂肪酸、维生素、无机元素是主要益智成分。食用木耳益智，尤以白木耳为佳。

4. 牡蛎

牡蛎俗称蚝，别名蛎黄、海蛎子。肉肥爽滑，味道鲜美，含有丰富的蛋白质、脂肪、钙、磷、铁等营养成分，素有"海底牛奶"之美称。

在西方，牡蛎被誉为"神赐魔食"，日本人则誉之为"根之源"。在我国有"南方之牡蛎，北方之熊掌"之说。每100克可食部分含蛋白质10.9克、脂肪1.5克、钾200毫克、钠462毫克、钙131毫克、镁65毫克、锌9.39毫克、铁7.1毫克、铜11.5毫克、磷115毫克、硒86微克、维生素A 27微克、烟酸1.4毫克等。其含碘量远远高出牛奶和蛋黄，含锌量可为食物之冠。牡蛎中还含有海洋生物特有的多种活性物质及多种氨基酸。

牡蛎有很高的营养价值。中医认为牡蛎甘平无毒可解五脏，调中益气养血以解丹毒，醒酒止渴活血充饥，常食还有润肤养颜养容功能。《本草纲目》

记载：牡蛎肉"多食之，能细洁皮肤，补肾壮阳，并能治虚，解丹毒。"现代医学还认为牡蛎肉还具有降血压和滋阴养血等功能。牡蛎还具有"细肌肤，美容颜"及降血压和滋阴养血、健身壮体等多种作用，因而被视为美味海珍和健美强身食物。

5. 鸡肉

鸡肉是高蛋白低脂肪食品，是蛋白质含量最高的肉类之一。鸡肉容易被人体吸收，有增强体力，强壮身体的作用，因此它是小儿、中老年人、心血管疾病患者、病中病后虚弱者理想的蛋白质食品。同时，鸡肉含脂肪量低，且多为不饱和脂肪酸——油酸（单不饱和脂肪酸）和亚油酸（多不饱和脂肪酸），它们能够降低对人体健康不利的低密度蛋白胆固醇。

鸡肉也是磷、铁、铜与锌的良好来源，并且富含维生素 B_1、维生素 B_6、维生素 A、维生素 D、维生素 K 等。此外，它还含有对人体生长发育有重要作用的磷脂类，是中国人膳食结构中脂肪和磷脂的重要来源之一。

中医学认为鸡肉有温中益气、补精添髓、补虚益智的作用，还用于治疗虚劳瘦弱、中虚食少、泄泻头晕心悸、月经不调、产后乳少、消渴、水肿、小便数频、遗精、耳聋耳鸣等。常吃鸡肉炒菜花可增强肝脏的解毒功能，提高免疫力，预防感冒和坏血病。

6. 鸡蛋

鸡蛋的营养价值众所周知。其蛋白质含量占 14.7%，而且最容易被人体吸收，吸收率为 99.7%，比牛奶、猪肉、牛肉都高。所含脂肪占 11.6%，其中有大量的卵磷脂、甘油三脂、胆固醇和蛋黄素等。卵磷脂被消化后释放出胆碱，并很快进入大脑，对增强人的记忆能力有重要作用。国外的科学家指出，供给足够的胆碱类食物，可避免记忆衰退，并且对所有年龄的人的记忆力均有改善作用。此外，鸡蛋的维生素和微量元素也很丰富，其中铁的含量比牛奶高。

7. 大豆

黄豆与青豆、黑豆统称大豆。它既可供食用，又可以炸油。由于它的营养价值很高，被称为"豆中之王"、"田中之肉"、"绿色的牛乳"

9

等，也是数百种天然食物中最受营养学家推崇的食物。

大豆发酵制品，包括豆豉、豆汁、黄酱及各种腐乳等，都是用大豆或大豆制品接种霉菌发酵后制成的。大豆及其制品经微生物作用后，消除了抑制营养的因子，产生多种具有香味的物质，因而更易被人体消化吸收，更重要的是增加了维生素 B_{12} 的含量。

大豆含有 40％左右的蛋白质（黑豆更多些），其氨基酸组成很像动物性蛋白质，生理价值高，是优质蛋白质的良好来源。每 100 克大豆所提供的蛋白质相当于 174 克瘦牛肉、266 克肥瘦猪肉、6～7 个鸡蛋、1200 克鲜牛奶中所含的蛋白质。而且含赖氨酸较多，粮豆混食，可以补充谷粮蛋白质质量的不足，大豆本身含蛋氨酸较低的缺陷可同时得到补偿，使其营养更为全面。

大豆含 15％～20％的脂肪，其中不饱和脂肪酸高达 85％，半数以上为亚油酸，还有丰富的卵磷脂，能促进生长、营养神经、延缓脑细胞衰老、增强记忆力；磷脂还具有促使脂肪和胆固醇乳化作用，使后者不致沉积于血管壁而防止动脉粥样硬化；磷脂被吸收后释放出胆碱有抗脂肪肝作用；大豆脂肪不含胆固醇而含豆固醇能抑制胆固醇的吸收，有利于降低血清胆固醇水平和防治冠心病。

大豆中碳水化合物占 20％～30％，其中约有半数是人体不易消化吸收的棉子糖和水苏糖，它们属于功能性低聚糖，具有热能低、活化肠道内双歧杆菌并促其增殖的作用。所含矿物质和微量元素较多，如钙、磷、镁、钾、铁、铜、锌、钼、锰等都有相当数量，对维护骨骼和心血管系统的健康、控制血糖、预防某些癌症都有较好的作用。大豆富含维生素 B 族（B_1、B_2、烟酸）和胡萝卜素，豆油中含有维生素 E。干大豆虽然不含维生素 C，但发芽后产生相当数量的维生素 C，与蘑菇和笋并称素食的"鲜味三霸"。

大豆含铁量也很高，并且容易消化吸收，对贫血的青少年来说是较适宜的益智食品。而大豆制成豆腐后，因为制作时加入了盐卤或石膏，增加了钙、镁等无机元素的含量，更适合于青少年食用。

8. 蜂蜜

蜂蜜所含成分众多，其中因为蜂种、蜜源和环境不同，各种蜂蜜的成分会有所差异。其主要的成分是果糖、葡萄糖、蔗糖、麦芽糖等糖类，蛋白质和氨基酸，转化酶、还原酶、氧化酶、过氧化氢酶、淀粉酶等酶类，有机酸类，维生素及铜、铁、锰、镍等微量元素。从智力饮食的五大营养素来看，蜂蜜是一种天然的益智佳品。

青少年最好不要食用蜂乳、蜂王浆及其制剂。因为它们所含的激素类成分较多，其中的促性腺激素会导致少年性早熟。

9. 核桃

核桃，又名胡桃、羌桃，是食品中的佼佼者。历代医书中对其保健作用极为推崇，称其能"通经络、润血脉、黑须发，常服皮肉细腻光润"。《本草纲目》云：核桃有"黑发，固精，治燥，调血之功"。核桃既可生食、炒食，也可以榨油、配制糕点、糖果等，不仅味美，而且营养价值也很高，被誉为"万岁子"、"长寿果"。核桃与扁桃、腰果、榛子并称为世界著名的"四大干果"。它是西欧各国圣诞节等一些传统节日的节日食品。另有一种山核桃，又叫野核桃，是我国折江杭州的土特产，营养与核桃基本相同。

据测定，每 100 克核桃中含蛋白质 14.9 克、脂肪 58.8 克（脂肪的 71％为亚油酸、12％为亚麻酸）、碳水化合物 9.6 克、膳食纤维 9.6 克、胡萝卜素 30 微克、维生素 E43.21 毫克、钾 385 毫克、猛 3.44 毫克、钙 56 毫克、磷 294 毫克、铁 2.7 毫克、栖 4.62 微克、锌 2.17 毫克。核桃营养价值是大豆的 8.5 倍、花生的 6 倍、鸡蛋的 12 倍、牛奶的 25 倍（50 克核桃仁相当于 250 克鸡蛋或 450 克牛奶的营养价值）、肉类的 10 倍。此外，核桃含有的钙、磷、铁、不但可以润肤，还有防治头发过早变白和脱落的效果；所含的微量元素锌和锰是脑垂体的重要成分，青少年常食核桃有益于补充大脑的营养，具有健脑益智的作用。

10. 葡萄

《神农本草经》中记载：吃葡萄可以使人丰满健壮，增长气力，强志益智，并能够忍饥耐寒；长期食用，则会"轻身、不老、延年"。

通过营养分析，葡萄中含有葡萄糖、蔗糖、木糖等多种糖类，含糖量高达 15％～30％，含蛋白质 0.2％，含有多种维生素，如维生素 A、

B_1、B_2、B_6、C、烟酸（也称做维生素 B_3）等。另外还有十多种人体必需氨基酸，各种微量元素如钾、钙、磷、铁等等。这些物质，对儿童的身体发育和智力发育均十分重要，对学习所导致的身心疲劳有缓解作用。因此是一种有益的补养食物。葡萄中还含有草酸、柠檬酸、苹果酸等多种果酸，能使人增强消化，健脾和胃。

11. 苹果

对智力发育而言，苹果的确是一种较好水果。其益智作用，在增强记忆力方面尤为显著。这是因为苹果内除含有多种维生素、矿物质、脂肪、糖类等构成大脑成分所必需的营养成分外，还含有儿童生长发育必不可少的纤维素和增强记忆能力的微量元素锌。事实证明，如果儿童缺锌，孩子的记忆力和理解能力将会受到严重的损害。而苹果能够补充这些成分，加上味美甘甜，还能助消化，通大便，所以备受欢迎。

12. 枣

枣又称为"大枣"。其益智作用也是与其中所含的营养成分有关：鲜枣中含糖量高达 20％～36％，每 100 克鲜枣含维生素 C 380～600 毫克、蛋白质 1.2 克、脂肪 0.2 克、铁 0.5 毫克；而干大枣含糖量高达 55％～80％，比甘蔗、甜菜的含糖量还高，其他成分在干枣中的含量也较鲜枣高。其他各种营养成分也较齐全，如果给大枣所含有益成分开一个清单，可以发现它是一个小小的营养库：

含皂甙 13 种（如华木酸、齐墩果酸等）；

含糖 6 种（如低聚糖、葡萄糖、果糖等）；

含氨基酸 14 种（如缬氨酸、赖氨酸、精氨酸、谷氨酸、苯丙氨酸等）；

含黄酮类化合物 7 种（如黄酮—C—葡萄糖甙等）；

含生物碱 2 大类；

含维生素 4 种（如维生素 A、B_2、C、P）；

含无机元素 36 种（如钙、磷、钾、铁、镁、锌等）；

含有机酸 7 种（如苹果酸、亚油酸等）。

如此丰富的营养成分作为益智水果是理所当然的。少儿吃枣要注意及时漱口或刷牙，否则对牙齿有害，易致龋齿。

13. 杏

杏是人们喜欢的水果之一，我国大部分地区都盛产这种水果。

杏的益智作用主要在杏仁。杏仁中含有 27.1％的蛋白质，52.6％的脂肪，10.8％的糖类；此外，每 100 克杏仁中含钙 11 毫克、磷 385 毫克、铁 70 毫克，并含有维生素 A、B_1、B_2、P、C 等多种成分，其中维生素 A 的含量在水果中仅次于芒果。这些都是智力发展的必要成分。

杏仁一般作为药用，如果作干果食用，千万注意不可过量，并要用去过皮、炒过的。因为杏仁中含有一种苦杏仁甙的毒性成分，成人吃生的苦杏仁 40～60 粒、少儿吃 10～20 粒，就有中毒的可能，超量过多，则有生命危险。

三、益智食谱

下面推荐一点健康饮食的方法，不妨试一下：

早餐：早餐要吃好，一般一杯牛奶、一个鸡蛋、一碗稀饭、一段黄瓜、一两豆制品即可，食量大者可加两个馒头。

午餐：午餐是一天中最重要的一顿饭，一般一荤二素一汤，饭后再吃点西红柿或西瓜。

晚餐：一般一荤二素一汤，饭后再吃点水果，补充身体所需的维生素。

一般不同的食物会有不一样的维生素，下面做一些具体的介绍：

13

维生素 A——动物肝脏、牛奶、蛋黄、菠菜、胡萝卜、辣椒、杏、柿子等。

维生素 D——鱼肝油、蛋黄等。

维生素 E——麦芽、植物油、绿叶菜、蛋黄、干豆类、花生。

维生素 K——动物肝脏、绿叶蔬菜，如菠菜；肠道细菌也可以制造维生素 K。

维生素 B_1——胚芽及糠皮含量最多，各种粗粮、豆类、动物肝脏、瘦肉中含量也不少。

维生素 B_2——动物肝脏中含量最多，其次为鸡蛋、鳝鱼、螃蟹；蔬菜中的叶菜类及黄豆等。

维生素 PP——动物肝脏中含量最多，其次为肾、心、瘦肉、鱼、蛋及糙米、花生、黄豆、绿叶蔬菜等。

维生素 C——新鲜蔬菜和柑橘类、水果中含量较多；以华北特产鲜枣中含量最高，平均每 100 克含维生素 C300 毫克，有的高达 1000 毫克。

叶酸——肝、酵母、绿叶蔬菜，肠道细菌也可合成。

科学家根据蔬菜所含营养成分的高低，将它们分为甲、乙、丙、丁 4 类：

甲类蔬菜：富含胡萝卜素、核黄素、维生素 C、钙、纤维等，营养价值较高，主要有小白菜、菠菜、芥菜、苋菜、韭菜、雪里红等。

乙类蔬菜：营养次于甲类，通常又分 3 种。第一种含核黄素，包括所有新鲜豆类和豆芽；第二种含胡萝卜素和维生素 C 较多，包括胡萝卜、芹菜、大葱、青蒜、番茄、辣椒、红薯等；第三类主要含维生素 C，包括大白菜、包心菜、菜花等。

丙类蔬菜：含维生素类较少，但含热量高，包括洋芋、山药、芋头、南瓜等。

丁类蔬菜：含少量维生素 C，营养价值较低，有冬瓜、竹笋、茄子、茭白等。

家庭膳食要量够优质，菜谱应多样化，每日供应肉蛋类荤菜 100～150 克、牛奶或豆浆 1 瓶、粮食 500～750 克、蔬菜为 300～500 克，并

14

注意补充各种维生素。维生素 A 供应充足有助于保护视力，又可预防呼吸道感染；维生素 B 与机体能量消耗有关；维生素 C 可促进铁的吸收。特别要注意的是要吃好早餐。早餐应占一天总热量的1/3，可增加一些营养丰富的食物，如鸡蛋、牛奶、花生和大豆等，有条件的还可供给一次课间加餐。

下面给您提供一些健康食谱：

食谱一

早餐：牛奶 250 毫升、面包（面粉 200 克）、煮鸡蛋 50 克。

午餐：米饭（粳米 200 克）、蘑菇炒肉片（鲜蘑菇 50 克、猪肉 50 克、植物油 5 克、料酒、淀粉、蛋清、味精）、炒青菜（青菜 200 克、植物油 5 克，味精、盐适量）。

晚餐：馒头（面粉 150 克）、百合虾（虾仁 50 克、胡萝卜 25 克、柿子椒 25 克、植物油 5 克、百合、淀粉、味精、盐适量）、牛肉菜汤（卷心菜 50 克、豆腐干 50 克、胡萝卜 50 克、土豆 50 克、牛肉 50 克、植物油 5 克、番茄 50 克，味精、盐适量）。

加餐：时令水果。

食谱二

早餐：小米粥（小米 100 克）、牛奶 250 毫升、荷包蛋（鸡蛋 50 克）。

午餐：米饭（粳米 150 克）、鱼香三丝（猪瘦肉 50 克、胡萝卜 50 克、土豆 100 克、植物油 5 克，姜丝、泡椒、酱油、醋、白糖、味精、盐适量）、香菇炒青菜（绿叶菜 200 克、香菇 50 克、植物油 5 克，味精、盐适量）、炝花菜。

晚餐：金银卷（面粉 100 克、玉米粉 100 克，麻酱、盐适量）、清蒸鲜鱼（各种鲜鱼 150 克、植物油 5 克，葱段、姜丝、盐适量）、蒜茸茼蒿（茼蒿 150 克、植物油 5 克，大蒜、味精、盐适量）、青菜虾米汤（青菜 50 克、植物油 5 克、虾米，味精、盐适量）。

加餐：时令水果。

食谱三

早餐：粳米发糕（面粉 150 克）、牛奶 250 毫升、皮蛋拌豆腐（无

15

铅松花蛋 50 克、内酯豆腐 50 克）。

午餐：米饭（粳米 150 克）、蒜苗炒蛋（蒜苗 100 克、鸡蛋 50 克、植物油 5 克，调味品适量）、西芹牛柳（牛瘦肉 50 克、芹菜茎 100 克、植物油 5 克，调味品适量）、菠菜粉丝汤。

晚餐：黑米粥（粳米 40 克、黑米 10 克）、馒头（面粉 150 克）、炒猪肝（猪肝 50 克、豌豆苗 50 克、植物油 5 克，胡椒粉、黄酒、味精、盐适量）、芸豆炖土豆（猪瘦肉 25 克、芸豆 100 克、土豆 50 克、植物油 5 克，味精、盐适量）。

加餐：时令水果。

食谱四

早餐：牛奶 250 毫升、鸡蛋发糕（面粉 150 克、鸡蛋 50 克、白糖 25 克）。

午餐：米饭（粳米 150 克）、虾仁豆腐（内酯豆腐 100 克、虾仁 50 克、植物油 5 克，淀粉、味精、盐适量）、炒青菜（新鲜蔬菜 150 克、植物油 5 克，味精、盐适量）、虾皮萝卜丝汤（萝卜 50 克，虾皮、味精、盐适量）。

晚餐：肉菜包子（面粉 150 克、猪瘦肉 50 克、海菜 150 克、植物油 5 克、调味品适量）、紫菜鸡蛋汤（鸡蛋 50 克，紫菜、调味品适量）。

加餐：时令水果。

食谱五

早餐：虾肉馄饨（虾仁 50 克、菜 100 克、面粉 100 克，调味品适量）、牛奶 250 毫升。

午餐：米饭（粳米 150 克）、木须肉（猪瘦肉丝 30 克、鸡蛋 50 克、植物油 5 克，木耳、调味品适量）、酱焖茄子（猪瘦肉 30 克、茄子 150 克、植物油 5 克，大豆酱、调味品适量）、绿豆汤（绿豆、冰糖适量）。

晚餐：黑米馒头（黑米面粉 150 克）、糖醋排骨（排骨 300 克、植物油 5 克，调味品适量）、海蛎子炖豆腐（海蛎子 100 克、豆腐 100 克、植物油 5 克，香菜、葱、姜、蒜、盐少许）、银耳蛋花汤（鸡蛋 50 克，银耳、调味品适量）。

16

加餐：时令水果。

食谱六

早餐：鸡蛋薄饼（面粉 150 克、鸡蛋 50 克、植物油 5 克、调味品适量）、牛奶 250 毫升、炒绿豆芽（绿豆芽 200 克）。

午餐：煮水饺（面 100 克、瘦肉 80 克、青菜 150 克、植物油 5 克、调味品适量）、绿豆粥（粳米 50 克、绿豆 25 克）。

晚餐：红小豆饭（粳米 150 克、红小豆 25 克）、炖刀鱼（刀鱼 100 克、植物油 5 克，葱、姜、蒜、料酒、酱油、味精适量）、炒芹菜干丝（芹菜 75 克、豆腐干 30 克、植物油 5 克，味精、盐适量）、干贝豆苗汤（豌豆苗 50 克、鲜干贝丁 30 克，调味品适量）。

加餐：时令水果。

食谱七

早餐：面包（面粉 200 克）、牛奶 250 毫升、煮鸡蛋 50 克。

午餐：米饭（粳米 150 克）、孜然炒羊肉（羊肉 100 克、木耳 2 克、胡萝卜 50 克、植物油 5 克，调味品适量）、香菇烧油菜（鲜香菇 50 克、油菜 150 克、植物油 5 克，调味品适量）、拌小青菜。

晚餐：百合粥（粳米 50 克，百合适量）、馒头（面粉 100 克）、葱爆两样（猪腰 50 克、猪瘦肉 50 克、洋葱 100 克、木耳 2 克、植物油 5 克，调味品适量）、青椒豆腐丝（青椒 50 克、豆腐皮 100 克、番茄 50 克、植物油 5 克，调味品适量）、紫菜虾皮汤。

加餐：时令水果。

四、提高免疫力的食物

人们知道，人体的免疫系统总是在与人体内、外部的致病原作马拉松式的斗争，以防止人机体的受到伤害。已被证实的致病因素很多，如有细菌、病毒、吸烟、酗酒、心理压力、运动过量、脂肪摄入过多以及人体自身产生的变异细胞等。免疫系统在与其斗争中，每分钟都生产数以百万计的免疫细胞，如 t 淋巴细胞、b 淋巴细胞、生产抗体的细胞、天然的杀伤细胞和吞噬细胞等。它们卸载下无数免疫物质，生产大量抗体。在与致病因素进行的旷日持久的斗争中，免疫系统从何处获得它生产抗

17

体的基本生物活性物质？德国科学家研究后得出结论：其来源是食物。

德国卡尔斯鲁厄联邦饮食研究所的瓦茨尔在对食物与人体免疫系统的关系进行了多年的研究后，最近报告说："现在已经清楚，饮食可以对免疫系统产生显著影响。"纽芬兰大学的免疫学家钱德拉说："一种营养物质的缺乏首先在免疫细胞的数量以及活跃程度上体现出来。"对免疫系统有特殊影响的生物活性物质主要有：维生素 A、维生素 B_6、维生素 B_{12}、维生素 C、维生素 E 和锌、硒、铜、铁、β－胡萝卜素、番茄红素以及某些脂肪物质。这些物质有的能激活人体内上百种对生命具有重要意义的激素和酶，有的能使 t 淋巴细胞在与细菌和病毒斗争时更为活跃，更多的能提供免疫系统生产抗体的所需物质，从而确保抗体维持在一定水平。如番茄红素能改善人体内的免疫值。血液中的番茄红素越高，患胰腺癌、肠癌、前列腺癌和乳腺癌的风险就越小。胡萝卜素具有与番茄红素同样的性质，并能保护人体少受有害紫外线的辐射。德国生物学家西斯与皮肤病专家特罗尼耶共同研究后发现：连续 12 周每天从自然渠道摄取 25 毫克 β－胡萝卜素，会增强人体抗紫外线能力。

科学家们认为，免疫系统在与致病原的斗争中，免疫细胞总是大量地与敌人同归于尽，这会加重免疫系统的负担，过多消耗免疫球蛋白。这就要求人们科学地饮食，多食用有助于维护免疫系统功能的食物。然而饮食因素对人体免疫力的作用方式十分复杂，德国科学家认为，"试图分离个别物质，并把它们作为所谓的神奇药方，盲目地用于预防疾病是不明智的。"从预防疾病角度来讲，重要的在于保持食物的多样性，少食对机体明显有害的食物，这样才能取得所希望的效果。

五、养成良好的饮食习惯

民以食为天。从食物中人们获得了各种营养：有人说"鸡、鸭、鱼、肉、牛奶、鸡蛋"有营养，有人说"五谷杂粮、蔬菜水果"有营养，有人说"豆制品"有营养，还有人说"保健食品"有营养。那么，究竟什么是"营养"？

食物中含有人体所必需的六大营养素，即蛋白质、脂肪、糖类、矿物质、维生素和水。所谓"营养"，就是人类摄取食物，以满足自身生理需要的生物学过程。除母乳外，任何一种单一的天然食物，都不能供给人体全面的营养，只有将各种各样的食物合理搭配，才能获得充足、均衡的营养。

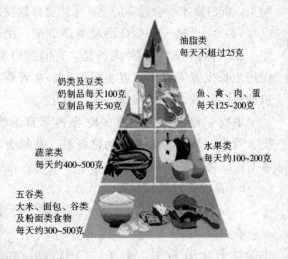

油脂类
每天不超过25克

奶类及豆类
奶制品每天100克
豆制品每天50克

鱼、禽、肉、蛋
每天125~200克

蔬菜类
每天约400~500克

水果类
每天约100~200克

五谷类
大米、面包、谷类
及粉面类食物
每天约300~500克

要讲究营养，就需要学习一些有关营养的基本知识，了解均衡营养的原则等。青春期是体格发育和智力发育突增阶段，良好的营养将为青少年获得健康的体魄、智慧的大脑而打下坚实的物质基础。

1. 青春期的营养需要

（1）蛋白质——长身体最宝贵的营养素

蛋白质的种类有千千万万，一般来说，动物性食物（如鱼、禽、蛋、奶、瘦肉）中蛋白质含量较高，米、面等植物性食物中的蛋白质的营养价值不如动物蛋白。但是大豆却例外，大豆中的蛋白质含量高、质量也好，是植物蛋白中的优质蛋白。如果将大豆和粮食混着吃，或将动物性食品和粮食混着吃，则蛋白质的营养价值会大大增高。

（2）脂肪——不能忽视的营养素

脂肪是高热能的营养素，平常所吃的脂肪分为动物油和植物油，这两种脂肪人体都需要。但由于动物油摄食过多，会引起一些疾病（如冠心病）的发生，而植物油有降血脂作用，因此一般主张多吃些植物油，少吃些动物油。平常所吃的肉、蛋、奶等可以为我们提供一定量的动物脂肪，所以，炒菜时最好使用植物油，这样，我们吃进去的动、植物油的比例就会比较适宜。

（3）糖类——生命活动的主要能源

我们每天所需要的能量，有 60% 左右由糖类提供，膳食中有了足够的

19

糖类，蛋白质才不会过多消耗，才能更好地发挥其特有的生理功能。

（4）无机盐——生命活动的调节剂、助长益智的营养素

在人体内有 60 多种无机盐，它们在构成人体结构、调节机体代谢、促进生长发育等方面起着重要作用。在青春期需要较多也最易缺乏的无机盐有钙、铁、锌、碘等。

因此，青少年应注意多吃含钙丰富的食物，如奶类、大豆类、虾皮、骨头、海带、紫菜、动物肝脏、动物血、瘦肉等，同时补充些维生素 C，以促进铁的吸收。

2. 养成良好的饮食习惯

（1）要重视吃早餐

首先，吃好早餐对学生的学习十分重要。上午学习任务较重，必须补充足够的热量和各种营养素。若吃好早餐，则精力充沛、学习效率高，若不吃早餐，则会感到头昏乏力，注意力不集中，反应迟钝，记忆力下降，影响学习成绩，有时甚至会因血糖太低而晕倒。

有的少女害怕长胖，不吃早饭，结果却事与愿违。因为早上不吃饭，到吃午饭时肚子特别饿，往往容易吃得过饱，而且这个时候，胃肠的吸收功能也很强，造成体脂增多，反而更加肥胖。

因此，早餐不仅要吃，而且要吃好。光吃大饼、油条不行，光吃牛奶鸡蛋也不行，科学合理的早餐应该是包括各类食物的平衡膳食。食物中既要有米、面等主要提供热能的食物，还要有提供优质蛋白质的食物（如牛奶、鸡蛋、豆浆、瘦肉等），另外，最好搭配一些蔬菜、水果。

（2）正确对待吃零食

在一日三餐之外，许多青少年都喜欢吃些小食品，像饼干、糖果、瓜子、蚕豆之类的东西，就是所谓的"零食"。那么，该不该吃零食呢？

从生理角度来看，青少年营养需要量大，胃肠的消化能力强，有时

只靠三顿主食，不能完全满足需要，尤其是女孩子胃容量较小，常常未到吃饭时间，肚子就饿了，这时，适当补充些小食品，是可以的。另外，有些小食品，像瓜子、花生、核桃、蚕豆等除蛋白质外，还含丰富的不饱和脂肪酸、维生素、矿物质等，吃一些这样的小食品，可补充人体的需要，对健康是有利的。

但是，零食不可吃得太多。有的人吃零食毫无节制，各种零食吃个没完，到了吃正餐的时候，反而没了食欲。零食的营养素总不会全面，长期这样下去，就会变得面黄肌瘦，营养不良。另外，过多吃零食，胃肠总得不到休息、处于疲劳状态，就会造成消化功能紊乱，引起胃肠疾病。有些零食，像糖块、巧克力、膨化食品、甜饮料等含糖分、油脂高，吃多了会造成热量过剩，导致肥胖，一些已经肥胖的少年，更该少吃这类零食。

（3）不要迷恋"洋快餐"

一些西式快餐店在我国城市中越开越多了，不少人尤其是青少年频频光顾。因为他们觉得快餐好吃，还有小礼物。更有不少家长认为"洋快餐"营养好，只要孩子喜欢吃，就是多花点钱也愿意。那么，这些西式快餐的营养怎样呢？目前出售的西式快餐主要包括汉堡包、炸鸡、炸薯条、冰淇淋、可乐等，这类食物的营养素构成可概括为"三高一低"，即高热能、高脂肪、高蛋白质、低纤维素。假如经常吃这类快餐，虽然能获得优质蛋白质，但能量的摄入会超过需要，多余的能量转变成脂肪在体内贮存，从而引起肥胖。所摄入的大量饱和脂肪酸还会使心血管疾病的发生率增高。据统计，我国肥胖儿童已占儿童总数的 10% 左右，城市"胖墩儿"的人数近 5 年比以前增加了 3 倍，专家认为这与西式快餐的流行、含糖高的软饮料的普及有一定关系。因此，少年朋友在吃快餐时要掌握一定的度，同时要注意搭配一些快餐中缺乏的食物种类，如新鲜蔬菜等，以保证均衡的营养。

（4）喝饮料要适量

从营养方面讲，饮料中营养单调，远远不能给青少年带来生长发育所需要的营养素。如果喝太多饮料，从甜饮料中摄取了过量的糖分，血液中的糖浓度一直在高水平状态，就没有饥饿感，不能正常吃饭，从而

21

fyym

影响其他营养素的摄入。而且，多喝甜饮料是导致儿童肥胖的原因之一。另外，大部分饮料呈酸性且含糖，多喝会增加患龋齿的危险性；有些饮料如汽水，其主要成分是糖（或糖精）、色素、香精、碳酸水，经添加二氧化碳制成，而人体摄入过多的人工合成香精、色素等是有害的。

因此，喝饮料一定要适量。由于牛奶和100％纯果汁含矿物质和维生素较丰富，平常可多选用一些，但千万不要养成只喝饮料不喝水的坏习惯。

六、对智力有害的食物

少年儿童不宜过多食用酸性食物。实验证明，对智力有益的食品大多偏于碱性，它们所含的蛋白质、脂肪、生物碱、维生素等都是偏碱性的。中医很早就提出"食酸损智"，是很有道理的。从中医医理来看，酸有收敛固涩作用，会约束功能活动，对智力发展不利。此外，过多食用酸性食物会伤牙齿，还会溶解钙质，对身体发育也不好。

在具体的食物中，应少吃生姜。古代认为生姜"久服令人少志少智，伤人心性"；北方人喜欢吃的芫荽，又称胡荽、香菜，也是容易损害智力的一种食物，吃多了会使人健忘；民间盛传孩子不能吃鱼籽，吃了会糊涂，不会计算。这种说法没有多少根据，但中医有一种说法："猪肝与鲤鱼籽食之，伤人神"，即鱼籽不能与猪肝混食，这值得我们参考。

此外，中医还认为，蜀葵花过多食用会使人愚笨；炎夏吃姜、蒜会减人智力。这些虽没有实验可以证明，但值得我们引起重视。

最能伤人心智的，莫过于烟酒。这是无数实验和事实已经证明了的。

22

第二节　科学饮用牛奶

牛奶是一种营养丰富的保健食品，几乎是完全营养品，含有3000种以上的有机成分。牛奶中的蛋白质品质优良，含有人体所需的必须氨基酸，其他营养素的含量亦十分丰富，钙的含量高且好吸收。如今，喜欢喝牛奶的人日益增多，牛奶几乎成了人们生活中的最佳营养食品。不过，如果饮用不当，便容易导致营养成分流失，造成不必要的损失和浪费。

一、不空腹喝牛奶

专家认为，牛奶加鸡蛋是早餐的最佳组合，可是有的人只喝牛奶，不吃其他食物，这就错了。早晨空腹时喝牛奶有许多弊端，由于是空

腹，喝进去的牛奶不能充分酶解，很快会将营养成分中的蛋白质转化为能量消耗，营养成分不能得到很好的消化吸收。有的人还可能因此出现腹痛、腹泻，这是因为体内生成的乳糖酶少或极少，空腹喝大量的牛奶，奶中的乳糖不能被及时消化，被肠道内的细

菌分解而产生大量的气体、酸液，刺激肠道收缩，从而出现腹痛、腹泻。因此，喝牛奶之前最好吃点东西，或边吃食物边喝牛奶，以降低乳糖浓度，利于营养成分的吸收。

二、避免牛奶与茶水同饮

有人喜欢边喝牛奶边饮茶，这一点南方人多于北方人。其实，这种饮用方法也欠科学，牛奶中含有丰富的钙离子，而茶叶中的鞣酸会阻碍钙离子在胃肠中的吸收，削弱牛奶本身固有的营养成分。

三、不宜用开水冲奶粉

奶粉不宜用 100℃ 的开水冲，更不要放在电热杯中蒸煮，水温控制在 40℃～50℃ 为宜。牛奶中的蛋白质受到高温作用，会由溶胶状态变成凝胶状态，导致沉积物出现，影响乳品的质量。

23

四、不宜采用铜器加热牛奶

铜器在食具中使用已不多，但有些中高档食具中还在使用，比如铜质加热杯等。铜能加速对维生素的破坏，尤其是在加热过程中，铜和牛奶中的一些物质发生的化学反应具有催化作用，会加快营养素的损失。

五、避免日光照射牛奶

鲜奶中的维生素 B 族受到阳光照射会很快被破坏，因此，存放牛奶最好选用有色或不透光的容器，并存放于阴凉处。

六、不要吃冰冻牛奶

炎热的夏季，人们喜欢吃冷冻食品，有的人还喜欢吃自己加工的冷冻奶制食品。其实，牛奶冻吃是不科学的。因为牛奶冷冻后，牛奶中的脂肪、蛋白质分离，味道明显变淡，营养成分也不易被吸收。

七、喝牛奶应选最佳时间

早餐的热能供应占总热能需求的 25％～30％，因此，早餐喝一杯牛奶加鸡蛋或面包比较好。除此之外，晚上睡前喝一杯牛奶有助于提高睡眠质量，喝的时候最好配上几块饼干。

第三节　警惕垃圾食品

一、垃圾食品知多少

很多人都听说过垃圾食品一词，一些人认为这是形容洋快餐的贬义词，还有人指汉堡、热狗类食品（面包夹肉肠或肉饼）。所谓垃圾食品是指那些能够满足食欲，但其营养成分在炸、烤、烧等加工过程中部分或完全丧失的食品。这类食品仅提供一些热量，却不符合营养搭配，长期过量食用会在人体滞留有害物质。如罐头类食品及高油脂、高糖分、高胆固醇类食品；含苯并芘的油炸类食品；含亚硝酸盐的熏制类食

24

品等。

世界卫生组织公布的 10 大垃圾食品包括：油炸类食品、腌制类食品、加工肉类食品（肉干、肉松、香肠、火腿等）、饼干类食品（不包括低温烘烤和全麦饼干）、碳酸类饮料、方便类食品（主要指方便面和膨化食品）、罐头类食品（包括鱼肉类和水果类）、话梅蜜饯果脯类食品、冷冻甜品类食品（冰淇淋、冰棒、雪糕等）、烧烤类食品。

1. 腌制类食品

代表：酸菜、咸菜、咸蛋、咸肉……

垃圾标签：

（1）含三大致癌物之一：亚硝酸盐；

（2）在腌制过程中容易滋生微生物；

（3）影响黏膜系统，易得溃疡和发炎，对肠胃有害。

这类食物含有大量的盐，腌制中就会产生亚硝酸盐，而亚硝酸盐进入人体后又会形成亚硝胺，这是一种很强的致癌物质。腌制食物在腌制过程中，常被微生物污染，易造成口腔溃疡、鼻咽炎，对肠胃有害，多盐还易造成高血压等疾病。

2. 油炸类食物

代表：油条、油饼、薯片……

垃圾标签：

（1）导致心血管疾病的元凶；

（2）含致癌物质：丙烯酰胺（2 级污染——接近汽车排放的废气）；

（3）高温过程破坏维生素，使蛋白质变性，煎焦的鱼皮中含有苯并芘，油条中含有对人体有害的物质——明矾（明矾是一种含铝的无机物，被人体吸收后会对大脑及神经细胞产生毒害，使记忆力减退、抑郁和烦躁，导致心血管疾病）。油炸食品中油的反复使用过程中会生成过氧化脂致癌物。

3. 加工肉类食品

代表：熏肉、腊肉、肉干、鱼干、香肠……

垃圾标签：

（1）盐多易导致高血压、鼻咽癌等疾病的发病，并使肾脏负担过重；

25

(2) 含大量防腐剂、增色剂等添加剂，过多食用会对肝脏造成损伤。

4. 碳酸类饮料

代表：汽水、可乐……

垃圾标签：

(1) 含磷酸、碳酸：有人认为会带去人体中大量的钙，但目前尚无医学证实；

(2) 喝后有胀感，刺激食欲。

汽水是一种由香料、色素、二氧化碳碳水合成的饮品，含大量碳酸；含糖量，超过人体的正常需要；喝后因二氧化碳有胀感，刺激食欲。

5. 饼干、糖果类食品

代表：饼干、糖果……

垃圾标签：

(1) 食用香精和色素过多，易损伤肝脏；

(2) 热量过多，营养成分低；

(3) 过多摄入糖会使胰脏负担过重，易导致糖尿病。

可选择低温烘烤和全麦饼干，吃饼干时喝些水，减少摄入量。

6. 方便类食品

代表：方便面、方便米粉……

垃圾标签：

(1) 盐分过高、含防腐剂、香精，易损伤肝脏；

(2) 只有热量，没有营养。

方便类食品营养对微量元素的摄取明显不足，造成营养不均衡。调味包中味精、盐过多；蔬菜包没有营养；含防腐剂。

7. 罐头类食品

代表：水果罐头，鱼、肉罐头……

垃圾标签：

(1) 破坏维生素，使蛋白质变性；

(2) 热量过多，营养成分低；

(3) 与铝锡接触受污染、易患老年痴呆症。

罐头加工中维生素几乎完全破坏，含糖、盐过高，热量过多，营养低。

8. 话梅、蜜饯类食品

代表：果脯、话梅、蜜饯……

垃圾标签：

（1）含亚硝酸盐；

（2）盐分过高，含防腐剂、香精，损伤肝脏。

加工过程中，水果中所含维生素 C 完全被破坏，除了热量外，几乎没有其他营养。而且添加大量香精、防腐剂，对健康不利。话梅含盐过高，长期摄入会诱发高血压。

9. 烧烤类食品

代表：羊肉串、铁板烧……

垃圾标签：

（1）含大量"三苯四丙吡"——三大致癌物质之首；

（2）导致蛋白质碳化变性。

烤肉串中含有三苯四丙吡，这种化合物随食物进入胃后，与胃黏膜接触，构成胃癌发病的危险因素。熏烤肉食时，由于很多加工条件及环境限制，肉串不熟，细菌、寄生虫过多，会加重肝脏负担。

10. 冷冻甜品类食品

代表：冰淇淋、冰棒……

垃圾标签：

（1）含奶油极易引起肥胖；

（2）含糖量过高。

有一定营养，但是含糖量和脂肪量过高，容易引起肥胖，影响正

27

餐，造成营养不均衡。

二、区分垃圾食品和健康食品

对照一下我们每天吃的食物，有多少属于垃圾食品呢？不可否认，上面列举的垃圾食品，我们每天都难免会接触到。但是，尽量少吃这些食品还是我们能做到的！

其实，可以替代垃圾食品的食物很多，世界卫生组织公布的最佳食品包括：

1. 最佳水果：木瓜、草莓、橘子、柑桔、猕猴桃、芒果、杏、柿子和西瓜。

2. 最佳蔬菜：红薯，既含丰富维生素，又是抗癌能手，为所有蔬菜之首；其次是芦笋、卷心菜、花椰菜、芹菜、茄子、甜菜、胡萝卜、荠菜、苤兰菜、金针菇、雪里红、大白菜等。

3. 最佳肉食：鹅、鸭肉化学结构接近橄榄油，有益于心脏；其次是鸡肉、新鲜鱼、虾类。

4. 最佳汤类：鸡汤最优，特别是母鸡汤还有防治感冒、支气管炎的作用，尤其适用于冬春季饮用。

5. 最佳食用油：玉米油、米糠油、芝麻油、橄榄油、花生油等尤佳，植物油与动物油的摄入以 2：1 为宜。

6. 最佳护脑食物：菠菜、韭菜、南瓜、葱、椰菜、柿椒、豌豆、番茄、胡萝卜、小青菜、蒜苗、芹菜等蔬菜；核桃、花生、开心果、腰果、松子、杏仁、大豆等坚果类食物以及糙米饭、猪肝等。

简言之，只要是新鲜的、经过健康方式加工的蔬菜、水果、肉类、主食等，都是健康食品。

第二章　日常保健常识

第一节　改掉损害大脑健康的坏习惯

一、有损脑健康的七种坏习惯

1. 长期饱食：现代营养学研究发现，进食过饱后，大脑中被称为"纤维芽细胞生长因子"的物质会明显增多。如果长期饱食的话，势必导致脑动脉硬化，出现大脑早衰和智力减退等现象。

2. 轻视早餐：不吃早餐使人的血糖低于正常供给，对大脑的营养供应不足，久之对大脑有害。此外，早餐质量与智力发展也有密切联系。据研究，一般吃高蛋白早餐的儿童在课堂上的最佳思维普遍相对延长，而食素的儿童情绪和精力下降相对较快。甜食过量的儿童往往智商较低。

3. 长期吸烟：德国医学家的研究表明，常年吸烟使脑组织呈现不同程度萎缩，易患老年性痴呆。因为长期吸烟可引起脑动脉硬化，日久导致大脑供血不足，神经细胞发生病变，继而发生脑萎缩。

4. 睡眠不足：大脑消除疲劳的主要方式是睡眠。长期睡眠不足或质量太差，只会加速脑细胞的衰退，聪明的人也会变得糊涂起来。

5. 少言寡语：大脑中有专司语言的叶区，经常说话会促进大脑的发育和锻炼大脑的功能。应该多说一些内容丰富、有较强哲理性或逻辑性的话。整日沉默寡言、不苟言笑的人并不一定就聪明。

6. 空气污染：大脑是全身耗氧量最大的器官，平均每分钟消耗氧气 500～600 升。只有充足的氧气供应才能提高大脑的工作效率。用脑时，特别需要讲究工作环境的空气卫生。

29

7. 蒙头睡觉：随着棉被中二氧化碳浓度升高，氧气浓度不断下降，长时间吸进潮湿空气，对大脑危害极大。

二、保持大脑年轻态的行动计划

脑功能好坏与衰老过程有关，它包含记忆和集中注意力这两方面，而不包括智力，智力不是脑部机能保持年轻的必要因素。脑部能力的标准测试是智商测试。它衡量很多方面的表现，比如数学、逻辑和语言能力。不过还有另外一种指标——情商，即与他人沟通的能力。现在越来越多的人认为，情商对脑部健康的作用和智商同样重要。

行动之一：保持脑血管的畅通

人的大脑是个非常娇贵的器官，它需要大量的氧气和葡萄糖。在缺血缺氧的情况下，大约在 5 分钟后，脑细胞就开始出现不可逆转的死亡，所以非常必要保持脑部供血血管的经常性畅通。为了防止可怕的血管栓塞，在 50 岁后，有必要服用小剂量的阿司匹林（每天 75 毫克）。阿司匹林可以有效地防止血栓的形成，降低脑中风和心血管病发生的几率。近年来的调查表明，女性在防止脑中风要比男性更加获益。但是有消化道出血史和胃溃疡的人要避免使用。

行动之二：坚持做脑力操

不论是人体的哪一种器官，几乎都会有相同的"命运"，就是不用则废。如果肌肉不运动，就要变得松弛无力，脑子也是一样，越是不用，脑子的衰老就越快。我们首先要做的是拒绝生活中的"自动驾驶"——即每天生活的安排相同，日复一日地过着机械化的生活。如果有办法让大脑也做做"伸展运动"，定会获益不小，也能最终避免脑萎缩。

最常见的锻炼方法——做脑力操。经常学习新东西，这样会用到脑子中平时用不到的地方。当我们的脑子在日常活动之余接受额外的锻炼时，就会更加苗壮。

"学习新东西"，并不是一般意义上的学点什么，而是要选择稍微超出自己通常能力的脑部锻炼活动——也就是要突破"个人极限"的脑部锻炼。研究表明，这种脑力锻炼方法能够刺激神经细胞和树突（神经细胞的一部分，能获取神经递质传来的信息）的新生。如果每日的活动相

30

同，脑部的海马和海马状突起部分就无法得到新的刺激，而海马和海马状突起是脑内主要实现记忆功能的部分。

行动之三：要学会给自己的精神"解压"

事实上，我们通常认为的精神"压力"，比如日常生活上的琐事，并不会造成脑子的老化。只有重大事件引发的压力和某些烦人的小压力，才会催人衰老。传说，春秋时期，伍子胥在逃亡中，一夜之间须发全白。现代的解读就是由于伍子胥在巨大的精神压力之下，过早的衰老了。一次性的中度压力，让脑不会衰老，但是烦人的压力会让人心力交瘁，而持续不断的压力则是真正的杀手。

交友、运动、冥想和参加群体活动都能够给生活减压。我们提倡给自己减压的好方法有两个：一是笑，要笑的自然，完全发自内心的笑；二是冥想，它有助于脑细胞的正常工作，保护与记忆有关的机能。而冥想减压的特性有助于防治抑郁症和焦虑症。冥想很简单，只需要找个安静的地方坐下，双眼半闭，把注意力集中在自己的呼吸上，让自己的思想漫游，想一些愉快的"好事"。

行动之四：经常吃些健脑益智性食品

通常情况下，对心脏有害的，也会对大脑有害。比如饱和脂肪酸会增加阻塞脑部动脉血管的机会，增大中风的几率。而不饱和脂肪酸，特别是 $\omega-3$ 脂肪酸，如 α—亚麻酸、DHA，则对人脑有益。下边列出一些有明确健脑益智作用的食品。

坚果类（如花生、核桃等），益脑原因是含有单不饱和脂肪酸，让动脉血管保持通畅，维持肾上腺皮质激素在体内的含量，可改善心情。

鱼类（深海鱼，如鲑鱼、鳟鱼、沙丁鱼等），益脑原因是含有大量的 DHA。

大豆制品，益脑原因是含有心血管健康的蛋白质，纤维和脂肪。

橄榄油、坚果油、鱼油、亚麻籽油、紫苏籽油（富含 α 亚麻酸），益脑原因是含有对心脑血管健康有益的单不饱和脂肪酸和（或）$\omega-3$ 系列不饱和脂肪酸。

水果类（如西红柿、草莓等），益脑原因是含有大量的叶酸，番茄红素和其他动脉血管年轻的营养物质。

31

行动之五：补充一些有健脑作用的"要素"

下面介绍的是有改善脑部机能的主要维生素类和一些补品。

1. 叶酸，维生素 B_6 和维生素 B_{12}

研究表明，血液中高半胱氨酸含量升高是非常危险的，这会双倍增加中风的发病率。一般认为，高半胱氨酸会让动脉血管内层的内皮细胞间出现小缺口，导致动脉血管壁受损，血小板淤积及发炎。每日补充800 微克或者通过饮食补充 1400 微克叶酸，能够大幅度地降低体内的高半胱氨酸的含量，将过量的高半胱氨酸从血液中清除，阻止它引发的老化效应。

这一点非常重要，因为随年龄增大，人们饮食中的叶酸摄入量就逐渐减少，体内叶酸的浓度就逐渐下降。事实上年长者最常见的维生素缺乏状况就是缺乏叶酸。每天补充 800 微克叶酸和 6 毫克维生素 B_6，通过饮食摄入 800 微克维生素 B_{12}，或专门补充 25 微克（维生素 B_{12} 补剂较易于人体吸收），三个月后你的生理年龄会年轻 1～2 岁。

2. 辅酶 Q10

辅酶 Q10 因具有防止动脉老化的能力而备受关注。公认它不但对心脏有益，还能有助于防止脑部老化。人体器官中天然含有这种物质，它从分子水平上刺激供能通路，特别是针对肌肉组织细胞、整个脑部和神经组织细胞。人体虽然可以自然生成 Q10，但其前提是人体必须含有足量的维生素 C 和维生素 B 类，如 B_{12}、B_6 和叶酸。

在对帕金森综合症和高血压的调查中，每日补充 1200 毫克的辅酶Q10，似乎可以缓解帕金森的综合症的症状，还能降血压。根据这些调查结果，他汀类药物（调脂类药物）的服用者、严重心脏病患者、帕金森病患者、糖尿病患者和高血压的人都能通过补充 Q10 受益。

3. α 硫辛酸和 L—肉毒碱

这两种物质已被证实可以改善老鼠的认知能力。老年灰鼠接受了这两种物质注射后，在迷宫尽头找到食物的速度和年轻的灰鼠一样快。没注射的老年灰鼠可没那么快。

L—肉毒碱是一种氨基酸，它促进了人体细胞间能量的传递。在动物试验中，L—肉毒碱已被证实能抵抗动脉硬化，提高记忆力。对于 60

32

岁以上的人士，有人建议每日补充 1500 克 L—肉毒碱。

α硫辛酸有利于人体产生能量，人们认为它可以减少由葡萄糖和氧化造成的基因老化，促进葡萄糖和氧转化为人体能量。

据悉，我国复旦大学生命科学学院的专家们，正在研究 L—肉毒碱＋α硫辛酸的配方最佳比例，目标是最终在人体上作为抗老化剂来使用。

4. 白藜芦醇

这是一种类黄酮化合物，常见于红葡萄酒中。它可以减少小线粒体中基因的老化程度。线粒体是细胞的"发电站"。这种类黄酮化合物起到解毒剂的作用，有助于抵抗动脉和免疫系统的老化。

5. S—腺苷基氨酸（SAME）

SAME 是一种天然的氨基酸，通过改变与抑郁症有关的神经递质的化学反应，达到治疗抑郁症的目的。有专家担心，目前治疗抑郁症已过分依赖于药物治疗，而抑郁症药物会产生严重的副作用。这种氨基酸的副作用要小的多。如果你觉得自己的情况已需要服药，那么试试SAME。SAME 的一般剂量是每日 800 至 1200 毫克（空腹服用），它可治疗轻度抑郁，而不会干扰其他药物。

第二节　益智有方法

一、针灸按摩益智

人之所以有聪明和愚笨之分，关键在于是否充分调动脑细胞活性。如果能让大量空闲的脑细胞参与活动，必然会提高智商。针灸按摩是通过穴位来刺激、调动脑细胞，能起到健脑益智的作用，这很值得青少年参考、运用。

针灸按摩的益智原理，中医认为是通过银针、艾制品对穴位进行刺激，以疏通气血、调和阴阳，达到醒脑开窍、增智益智的目的。为什么刺激一些穴位能使症状消失或使机体功能、大脑功能得到改善呢？比较公认的看法是：刺激人体体表的穴位，可以兴奋与该穴位相对应的植物

33

神经系统，由植物神经功能的平衡、协调而作用于大脑，使整个神经系统功能得到调整。

还有一种比较客观的解释是，刺激人体相应的穴位，通过神经、体液系统的变化，使刺激投射于大脑，刺激那些长期处于"赋闲"状态的脑细胞，使之发挥功能，以扩大脑组织的功能范围，因而使脑力加强。

针灸、按摩，并不一定要上医院请针灸医师，只要掌握一些常用穴位的治疗手法，在家中也能施行。尤其是艾灸、按摩，既无危险，也不痛苦，可以长期使用，作为日常保健的方法之一。

在人体穴位中，有一部分具有益智作用。这些穴位的作用主要分为两个方面，即祛病和增智。前者是消除影响智力的病态，如治疗热邪、痰浊、淤血等导致的痴、愚、顽、钝、健忘、多动等。后者用于加强各种智力因素，如聪耳、明目、安神、补气等。

（一）常用穴位

1. 上肢常用穴

神门　位于手掌根部横纹的小指一侧，用手按到的两根"筋"之间，靠近掌根横纹处（见图1）。此穴有"治善忘、狂癫、痴呆、惊悸、怔忡、心烦、安神定志"等作用。针刺时可直刺0.3～0.5寸。

阴郄　位于神门穴上0.5寸（见图1）。有"养心，清心火，安心神"的作用。针刺可直刺0.5～0.8寸。

通里　在神门穴上1寸处（见图1）。此穴有镇静安神作用。针刺可直刺0.5～0.8寸。

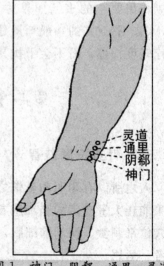

图1　神门、阴郄、通里、灵道

灵道　在前臂侧，当尺侧腕屈肌腱的桡侧缘，腕横纹上1.5寸。此穴有治疗腕臂痛，心绞痛，癔病，尺神经痛等作用。针刺0.1寸。

少冲　在小指指甲根角旁靠大拇指一侧约0.1寸处（见图2）。此

34

穴有"开窍清心，醒脑开窍，治心悸，癫狂"等作用。一般采用三棱针点刺放血。

少泽　在小指指甲根角旁与少冲相对的另一侧，也距指甲根 0.1 寸处（见图 3）。此穴除可安神定志外，其余作用与少冲相似。刺法同少冲穴。

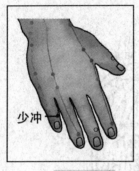

图 2　少冲

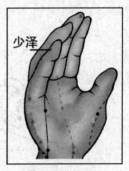

图 3　少泽

中冲　位于中指尖端中央，距指甲 0.1 寸处（见图 4）。此穴有"开窍，疗神气不足，失志"之效。用三棱针点刺放血。

商阳　在食指指甲根部，靠大拇指一侧，距指甲角约 0.1 寸处（见图 5）。此穴有"醒脑开窍、聪耳"之效。可用三棱针点刺放血。

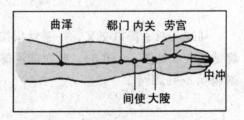

图 4　中冲

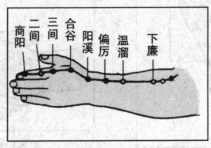

图 5　商阳

35

劳宫　握掌时，中指尖下所指之处（见图 4）。可治"癫狂，痫症"，有"镇静安神"之效。直刺 0.3～0.5 寸。

后溪　手握拳时，手掌内侧赤白肉际，掌中大横纹尽头处（见图 6）。此穴有"醒脑开窍，安神定志，聪耳宁心"之效。针刺时直刺0.5～1 寸。

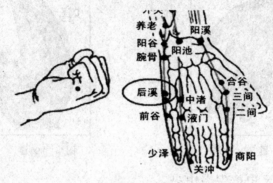

图 6　后溪

列缺　两手虎口交叉，一手食指按在桡骨突起处时，指尖所指的骨缝是此穴（见图 7、图 8）。此穴能治健忘之症。针刺时，向上方沿骨缝斜刺 0.3～0.5 寸。

36

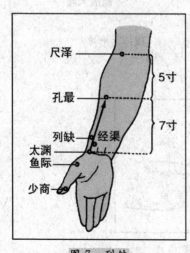

图 7　列缺

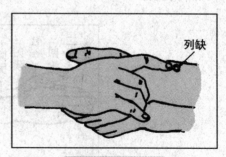

图 8　列缺找穴法

合谷　即虎口穴。取穴方法为：将大拇指第一关节横纹对准另一只手虎口的边缘，按下拇指，当拇指尖下的地方即为合谷（见图9、图10）。此穴有"聪耳开窍，镇静安神"的作用。针刺时直刺0.5～1寸。

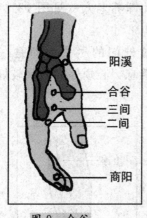

图9　合谷

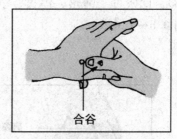

图10　合谷找穴法

大陵　位于腕横纹正中央处，在掌后两根大筋之间（见图11）。此穴有"宁心安神功效，清心热，安心神"功效，对失眠、烦躁有较好疗效。针刺时直刺0.5～0.8寸。

内关　在大陵穴上2寸处（见图11）。此穴有"宁心"之效，对心悸、神志失常患者疗效很好。针刺时直刺0.5～1寸。

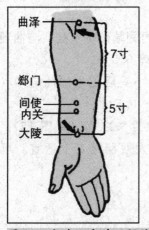

图11　大陵、内关、间使

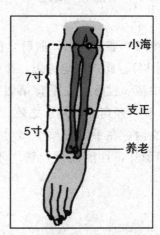

图12　养老

37

间使　在大陵穴上 3 寸处（见图 11）。此穴能宁神益志，对多动症等有效。可直刺 0.5～1 寸。

养老　正坐位时，前臂平放桌上，掌心向胸，此时尺骨小头（即靠近桌面的臂骨"孤拐"）上侧有一凹陷，此即养老穴（见图 12）。此穴能"明目聪耳"。可直刺或向上斜刺 0.5～0.8 寸。

曲池　姿势同上，曲肘，当肘弯横纹外端的尽头处即是（见图 13）。此穴可"清热、泻火、宁心"，对治善忘、心烦等症效果较好。直刺 0.5～1 寸。

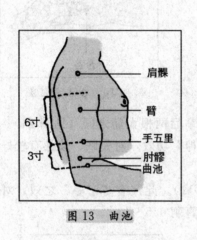

图 13　曲池

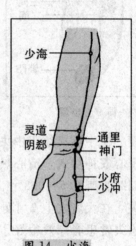

图 14　少海

少海　姿势同上，曲肘，在肘弯横纹内侧端的尽头处，与曲池相对（见图 14）。此穴能定神志，治健忘。可直刺 0.5～1 寸。

中渚　握拳，在手背第四、第五掌骨小头后侧之间凹陷中（见图 15）。有"开窍、聪耳"之效。可直刺 0.3～0.5 寸。

支沟　在手背横纹上 3 寸，前臂两根骨头之间（见图 16）。此穴"通窍聪耳，且能通便，智力不足而兼有大便秘结者"适宜。可针刺 1 寸。

38

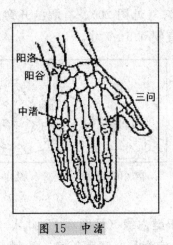

图 15　中渚

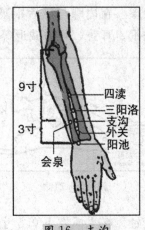

图 16　支沟

2. 下肢常用穴

大敦　在足拇指外侧，距足拇指甲根外侧约 0.1 寸处（见图 17）。可醒脑开窍。一般用三棱针点刺放血。

厉兑　在第二趾外侧，距趾甲角约 0.1 寸处（见图 18）。有"清心安神，醒脑开窍"之效。也多用三棱针点刺放血。

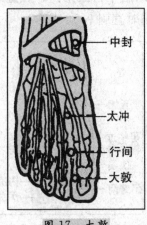

图 17　大敦

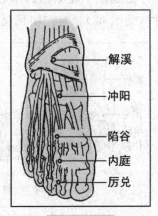

图 18　厉兑

隐白　在足拇指内侧，距趾甲角约 0.1 寸处（见图 19）。功效、刺法同上。

太溪　在内踝与足后跟腱之间取穴（见图20）。有醒脑开窍之功，用于失眠、耳聋、智力减退等症。可直刺0.5～1寸。

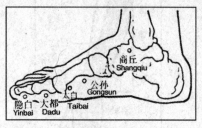

图 19　隐白

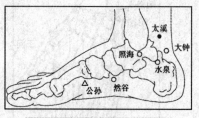

图 20　太溪、大钟、照海

大钟　在太溪穴下0.5寸稍后，跟腱内缘（见图20）。此穴"调先天之气，补肾和血，益精强神"，能治疗痴呆、嗜睡等症。针刺时直刺0.5～1寸。

照海　在内踝下缘凹陷中（见图20）。能"养心安神"，治健忘、不寐、多动等症。针刺时直刺0.5～1寸。

申脉　在外踝下缘凹陷中（见图21）。能"安神定志"，治疗烦躁多动，心神不宁。针刺时可直刺0.3～0.5寸。

足临泣　在第四、第五趾骨关节前方凹陷中，距第四、五趾缝1.5寸（见图22）。有"明目聪耳"之效。针刺时直刺0.5～1寸。

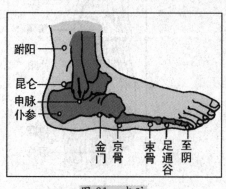

图 21　申脉

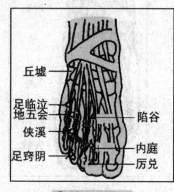

图 22　足临泣

悬钟　在外踝上3寸，腓骨前缘处（见图23）。可治疗健忘、耳聋等。针刺时可直刺1～1.5寸。

三阴交　在内踝上 3 寸，胫骨内侧后缘（见图 24）。可治疗失眠、健忘等。针刺时直刺 1～1.5 寸。

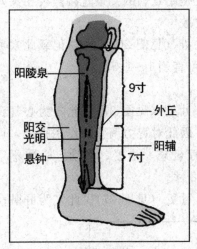

图 23　悬钟

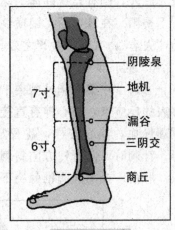

图 24　三阴交

丰隆　在外踝上 8 寸，胫骨前外一横指处（见图 25）。此穴"除湿、祛痰"，主要用于痰湿较重的智力不足或智力障碍。针刺时直针 1～1.5 寸。

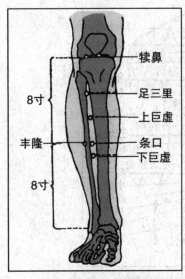

图 25　丰隆、足三里

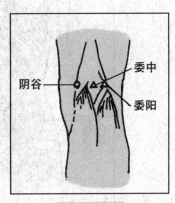

图 26　委阳

41

足三里　在膑骨下缘3寸，胫骨前缘外侧一横指处（见图25）。此穴是人体强壮要穴，有健脾养胃之效，可用于智力低下兼体虚胃弱症状者。正常少年经常用艾条灸（艾条灸就是用点燃的艾条直接熏灸相关穴位）此穴，则有益智健体、聪耳明目之效。

委阳　在膝弯后，困横纹外端尽头处（见图26）。古籍记载此穴可治"失志"，有强神益智之效。针刺时可直刺1～1.5寸。

3. 躯干部常用穴

心俞　在第五胸椎棘突下旁开1.5寸处（见图27）。此穴为心气在体表的反应点，与心神有直接的联系，因此对智力调整的作用很大，可调理气血，养心安神，益智定志，治疗健忘、语迟、多动、心悸不宁等。针刺时可向脊柱方向斜刺0.5～0.8寸。

肝俞　在第九胸椎棘突下旁开1.5寸处（见图27）。此穴为肝脏俞

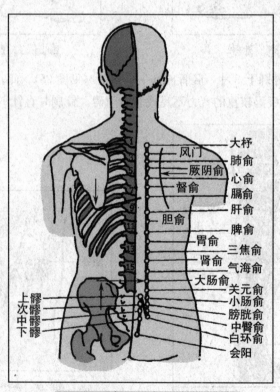

图27　心俞、肝俞、脾俞、肾俞

穴，有"清肝柔肝"之效，可用于治疗神志病属阳热亢奋者。刺法同上。

脾俞　在第十一胸椎棘突下旁开 1.5 寸处（见图 27）。此穴为脾脏之外应，有"健脾"之效，可用于健忘、失聪、多动、易惊等属脾虚者。刺法同上。

肾俞　在第二腰椎棘突下旁开 1.5 寸处（见图 27）。该穴是肾脏之外应，有"补肾固精"之效。对于先天不足或多病伤及肾气之智力低下症，有"填精补髓、健脑益智"之效，并可以治疗健忘及视力、听力减退、小儿多动症等病症。针刺时可直刺 1～1.5 寸。

会阴　男性会阴穴在阴囊与肛门中间（见图 28）。该穴有"补阳益肾、填精补脑、开窍急救"等功效。对少儿智力发育不全或神志障碍性病变有治疗作用。日常用艾条灸，可促进智力发育。针刺可直刺 0.5～1 寸。

上脘　在肚脐上 5 寸处（见图 29）。该穴有"安神定志、和胃化痰"之效，可用于治疗小儿癫痫。针刺可直刺 1～1.5 寸。

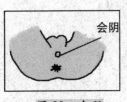

图 28　会阴

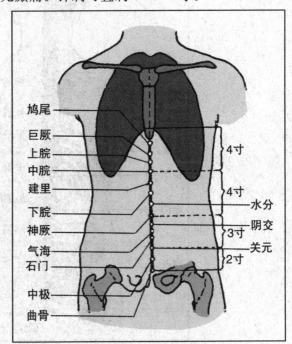

图 29　上脘、鸠尾

43

鸠尾　正对剑突下缘处（见图29）。功效同上。针刺时针尖向下斜刺0.4～0.6寸。注意，此穴不宜艾灸，即使病情需要，也不可灸0.7寸以上，否则反而损伤智力。

神道　在第五胸椎棘突下（见图30）。此穴可用于治疗健忘症。针刺时向上斜刺0.5～1寸。

身柱　在第三胸椎棘突下（见图30）。该穴有"清热安神"之效，可用于智力不足兼有热症者。刺法同上。

陶道　在第一胸椎棘突下（见图30）。功效、刺法同上。

大椎　在第七颈椎棘突下（见图30）。该穴为阳经聚会之处，有"清热宁神、镇静情志"的作用，凡见有热象、亢奋症状的智力障碍者

44

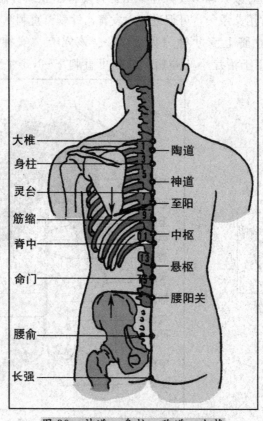

图30　神道、身柱、陶道、大椎

均可选用。

4. 头面部常用穴位

人中 又称"水沟",在鼻子下面人中沟上 1/3 与下 2/3 交界处（见图 31）。该穴是急救要穴，用于醒脑开窍，镇静安神，治疗一切智力障碍或神志丧失的急症，也用于治疗小儿痴呆等。一般不用灸法，针刺时可向上斜刺 0.3～0.5 寸。

印堂 在两个眉头之间（见图 32）。该穴有"清脑醒神"的作用，用于治疗健忘、头脑昏沉、注意力不集中等。一般不用灸法，针刺时用沿皮刺（平刺），进针 0.3～0.5 寸。

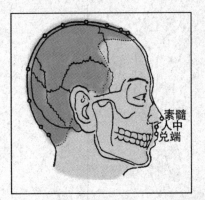

图 31 人中

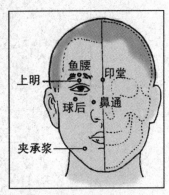

图 32 印堂

翳风 在乳突（耳根后块突起的骨头）前下方，平耳垂下缘的凹陷中（见图 33）。此穴为益智常用穴，并有"聪耳"之效。针刺时直刺 0.8～1 寸。

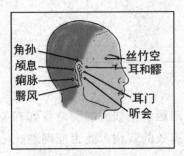

图 33 翳风

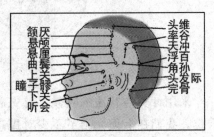

图 34 听会

45

听会 在耳屏间切迹（即"小耳朵"下面的凹槽）前，下颌髁状突（手摸到的突出骨头）后，张口时即出现一个较大的凹陷（见图 34）。该穴专治听力减退。针刺时张口，向凹陷中东刺 0.5～0.8 寸。

除了以上介绍的部分穴位外，耳穴对智力疾病的治疗、保健等也有很好的效果，并且方便、实用、无痛苦。特附耳穴图于此（见图 35）。图中画有斜线的区域，是临床常用的益智穴区。

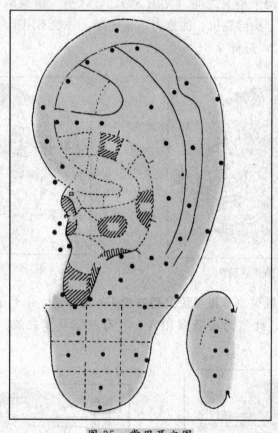

图 35　常用耳穴图

采用针灸益智法的时候，首先遇到的问题就是如何准确地找到有关穴位。我们在上面介绍了不少对提高智力有效的穴位，能否准确地找出它们，这关系到疗效好坏。

46

（二）常用的取穴方法

1. 标准折算法

这是目前普遍运用的最准确的取穴方法。该法将人体各个部位之间的距离，定出标准数字，作为标准，无论大人小孩、高矮胖瘦，都是按这个数字折算，比较方便。例如：将肘横纹到腕横纹之间的距离定为12寸。比如要取间使穴，该穴在腕横纹上3寸的两根筋腱之间，则只要将前臂划为四个等分，自下而上，第一个1/4处便是。无论什么体型的都是这样取穴。

在上文已介绍穴位，故此处不详细介绍各部位的标准尺寸。

2. 标志取穴法

人体有不少自然标志，这些自然标志可以作为取穴时的参照。

有些标志是固定的，如肚脐正中为神阙穴，两耳之间在头顶部的连线中点为百会穴，两眉头之间为印堂穴，等等。

而有些穴位则需要人做出一些特定的动作才会成为取穴时的参照，如大椎穴在第七颈椎下，必须低头才能显得突出；取列缺穴时必须两手在虎口处交叉，食指尖所指处即是；取曲池穴时则要屈肘，在横纹外头处取之。

（三）施治的常识

1. 毫针刺法

现代针灸，最常用的就是毫针刺法。毫针进入体内时，要求迅速穿透皮肤，以减少痛感。进针的角度分为直刺（与皮肤成90°角垂直刺入）、斜刺（与皮肤成45°角倾斜刺入）、平刺（与皮肤成15°角刺入，又称沿皮刺）。针刺角度要看穴位所处部位和治疗时的要求而决定。

刺入皮肤后的操作手法，一般分补、泻两种。补、泻的手法非常多，一般来说，补法用于偏虚者，针刺多沿着经脉循行方向进针，在呼气时徐徐插入皮下组织，先浅后深，提、择幅度和捻转角度较小，用力较轻，选择吸气时快速出针，出针后揉按针孔。泻法所用手法与上相反。所谓平补平泻，其手法介于二者之间。

因为年龄关系，少儿针刺一般不予留针，只要找准穴位，下针后稍施手法即可出针。但对于年龄较大、懂事理或智力损害较重的患儿，应

47

留针 10～20 分钟，在留针期间间歇加以捻、转、提等手法，以保持刺激量。

针刺治疗弱智或智力障碍，可 1～3 天针刺 1 次，10 次为一疗程，休息 7 天，视病情好转与否，决定下一个疗程是否再针刺。

2. 艾灸疗法

艾灸疗法取材方便、手法简便、取穴无需太精确、病人不痛苦，因此最宜于家庭中的自我治疗，对智力障碍少年的康复尤为适宜。

(1) 艾炷灸：艾炷灸是指用艾作原料，点燃后，烧、烘、熏人体特定穴位，通过热效和药效来产生治疗作用。

艾炷是用纯艾绒制成的圆锥状物，放置于穴位上，点火时由尖部燃起。根据穴位具体情况，可制成米粒大小、米枣核大小或半枚橄榄大小。艾炷灸的方法很多，有瘢痕灸、无瘢痕灸和间接灸三种。

瘢痕灸：用艾炷放穴位上直接烧尽，灼伤皮肤，使其起泡化脓，直到留下瘢痕。这种方法使病人十分疼痛，现已很少使用。

无瘢痕灸：穴位处涂少许凡士林，以增加粘附作用，并防止灼伤，再放上艾炷点燃，当病人感到灼痛时，即更换艾炷再灸。一般灸 3～5 壮（每个艾炷称一壮），以局部皮肤充血起红晕为度。

间接灸：即艾炷与皮肤之间加一层辅料。主要有隔姜、隔蒜、隔附子饼、隔盐等。对于治疗智力障碍来说，主要可用隔附子饼灸。即用附子粉末和酒做成硬币大小的饼，中间刺几个小孔，放穴位上，再加艾炷点燃灸之。由于附子有"温肾壮阳"作用，因此可用于阳虚不足或先天不足的智力低下。

(2) 艾条灸：用市售的艾条点捻，手指对准穴位，离穴位 2～3.5 厘米左右，进行熏烧，或对准穴位做上下移动（如雀啄食一样）熏烧。要使患者感到温热而不灼痛，直至皮肤起红晕为度。

(3) 温针灸：是将针刺与艾灸结合在一起的方法。当针刺皮肤，固定于一定深度后，将艾绒粘于针柄上点燃，或者在针柄上穿置一段长 1～2 厘米的艾条施灸。这种灸法可使热力和药效通过针刺传入体内，达到治疗目的。运用得当，疗效甚好。但必须将艾绒粘牢，防止掉下的艾火烫伤皮肤，也可预放一块硬纸板在灸火下隔开皮肤。

3. 三棱针刺法

三棱针主要用于一些体表的浅穴位，如手指、足趾、头面、耳部等处的穴位。因为此种疗法以出血为治疗手段，所以又称为"放血疗法"。

治疗时右手持针，拇指与食指捏住针柄，中指指端紧靠针身下端，留出 0.2～0.3 厘米的针尖，对准已消毒的部位迅速刺入，立即出针，然后轻轻挤压针孔周围，使其出血数滴，再用消毒干棉球按压针孔以止血。

以针灸治疗各种智力低下的病症，治疗 4 个月后的资料统计表明：听力不聪的提高率为 40％；语言障碍的恢复率为 18％；手软脚跛的恢复率为 82％；流涎水症状的消失率为 77％；多动症好转率为 70％；癫痫控制率为 75％。

正常人的脑细胞只有 1/10 在经常活动，大部分处于休眠状态，针灸可以激发未能利用的脑细胞，从而提高智力水平。以上数据证实了这一说法。

由此可见，针灸在智力的保健以及智力低下、智力障碍的治疗等方面是大有可为的。

（四）部分益智的针灸处方

1. 智力保健

用于智力正常的少年，可以促进智力、身体的发育，进一步提高大脑的利用效率。

取穴：以强壮穴为主，如足三里、关元、百会，辅以涌泉、印堂、会阴。

用法：每次选主穴 1～2 个，辅穴 1 个，针刺或用艾条灸（面部穴位不宜灸）。后者较为方便，且无痛苦。

2. 少年多动症

取穴：内关、太冲、大椎、曲池。情绪不稳定者，加照海；注意力难集中者，加百会、大陵；活动过多者，加心俞、三阴交。

用法：针刺用平补平泻法，或用点穴法刺激穴位，如属阳热症者，也可采用艾条灸法。

由于多动症少年易躁动，故每次选穴要少，一般用主穴 2 个，辅穴

49

1个，三穴交替取用。进针要快，可不留针。15次为一个疗程。

3. 痴呆症（肾精不足）

现代医学所说的大脑发育不良、各种脑病后遗症等，会表现为痴呆症状、智力减退或障碍。对这种痴呆症可用下述穴位及针灸法。

取穴：四神聪、涌泉、太溪。

用法：针刺、艾条灸均可，也可针刺、艾灸交替进行。

4. 痴呆症（心肾两虚）

心肾两虚所致的痴呆症，与上述肾精不足者相比较，常伴有喜笑怒哭变化无常等异常表情，不像上面所说的以"呆"为主。可以用以下穴位与针灸法治疗。此外，如禀赋痴呆，见有头形奇小、与身体不成比例、步履不稳、反应迟钝等症，也可按下法施治。

取穴：心俞、肾俞、神门、少海。

用法：心俞、肾俞用梅花针叩击法，至穴位及周围发红；神门、少海针刺，用平补平泻法。以上穴位每次必用。另外，可轮换加用足三里、三阴交等健壮穴。

上述方法对小儿痴呆症有较好疗效。10天为一疗程。一般需坚持几个或十几个疗程。

5. 癫痫

少年癫痫为神志障碍性疾病，反复发作，较难治疗。时间过久，会导致智力减退、记忆力下降等。因此，必须降低发病频率，缓解发病时的症状，逐渐根治其发作，这是保护少儿智力的一个重要措施。

癫痫诸症，可分为"癫"、"狂"、"痫"三种不同的症型。"癫"的症状为精神抑郁，表情淡漠，或喃喃独语，或哭笑无常，幻想幻觉，言语错乱，不知秽洁，不思饮食。其特征是以"抑郁"为主。"狂"的症状为久卧不饥，狂妄自大，无故怒骂叫号，毁物殴人，甚至越墙上屋，力大无比。其特征是以"躁动"为主。"痫"俗称"羊角风"，其症状为突然昏倒，口角流涎，两目上视，牙关紧闭，四肢抽搐，口中发出如猪、羊似的叫声，清醒后如同常人。

取穴：癫：心俞、肝俞、脾俞、神门、丰隆；狂：大椎、风府、人中、内关、丰隆；痫：鸠尾、大椎、间使、丰隆等。

用法：除狂症外，癫、痫不仅可针刺，也可艾灸。

针法：狂症用泻法，癫、痫用平补平泻法。

6. 智力下降（心肾不交）

后天导致的智力下降，如学习过于勤苦、久病体虚等，症见心悸失眠，虚热烦躁，头晕眼花耳鸣，记忆力、思维下降，注意力不集中等。

取穴：内关、通里、三阴交、大钟。

用法：针刺均用补法，或加温针灸。

7. 考试紧张综合征

凡平时成绩较好，临考或考试过程中出现心慌、烦躁、紧张、焦虑、健忘、神情恍惚等现象，以致无法考出应有水平者，可在临考前1周使用针灸疗法。

取穴：心俞、内关、巨阙。

用法：或针或灸，针用补法。

（五）益智的按摩方法

1. 起床时的健脑按摩法

孩子每天起床时，督促他们做10分钟的健脑按摩法。根据很多人的经验，只要坚持做下去，就会收到很好的益智效果。

此法可以坐在床上进行，也可以在洗漱后早餐前进行。具体的方法和按摩穴位如下。

2. 百会、四神聪

这两个穴位在人的头顶正中（见图36）。从两眉间到后面脊柱正中画一直线，再在两耳尖画一直线，这两条直线的交点就是百会穴。百会具有防治百病、疏通百脉的作用。每天早上坚持按摩这个穴位，能刺激大脑皮层和循环系统的功能，也会使人会心情愉快、朝气蓬勃。

在百会穴前后左右各有一个穴位，它们合称为"神聪"。此穴有"开窍益智、清醒

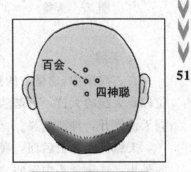

图36　百会、四神聪

51

神志、聪耳明目"的作用。

　　按摩时，先用右手中指第一节的指腹贴在百会穴上，由轻到重地垂直按压，心中默数数字，数数的速度要缓慢。当数到"7"时，中指突然放开，离开穴位；再默数"3"，作为中间休息；然后，中指腹再次按于百会，顺时针方向，由内向外逐渐扩大，绕四神聪做圆形按摩，同时，心中默数至"7"放开，再默数至"3"。以上为按摩 1 遍。如此反复按摩 7 遍。

　　按压的力量，以皮肤感到轻微重、胀为宜，如果中指的力量不足，可加上左手手掌，以加强力量。

　　3. 头维

　　"头维"穴的命名，我们可以从两个方面去理解，一是它的位置：

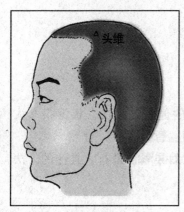

图 37　头维

头维穴位于头部两侧，在前额两侧发际，距鬓发与额发形成的弯角约一指的上方（见图 37），像侍立于头部两侧的卫士，维护着头脑这个人身"司令部"；二是它的功能：古人很早就发现这对穴位对治疗头痛、眩晕有很好效果。现代又发现该穴有调整头部血管功能，改善大脑血液供应和调节运动神经、植物神经的作用，是名副其实的维护头脑的穴位。

　　按摩的方法基本上与上文所述相同，可作垂直按压，也可以做圆周按摩，连做 7 遍。

　　4. 天牖

　　在古汉语中，"牖"的意思是窗户。"天牖"就是天窗，比喻这个穴位像是大脑的天窗，有醒脑提神的作用。如果经常按摩这个穴位，就如同天窗常开，神清气爽。

　　天牖穴在耳根后面，我们可以用手很明显地在耳根后摸到一块突起的骨头，这块骨头中医叫"完骨"，西医叫"乳突"，与乳突相连的一根"大筋"叫"胸锁乳突肌"，沿着胸锁乳突肌往下摸，大约距乳突约二指的地方（约与下颌角平齐），紧靠胸锁乳突肌的后缘，就是天牖穴（见图 38）。

在天牖穴附近，有很多通往大脑的血管与神经，因此按摩这个穴位能兴奋血管、神经，改善大脑功能。民间有些老人常说，颈项强直的孩子不聪明。实验证明，天牖穴周围按压时有硬感，通往大脑的血液确实减少。而按摩此穴直至这块地方变软，感到酸痛，人也会感到头脑变得轻松。

按摩时，将两手交叉抱于脑后，用大拇指从两边向里按压。如果感到酸痛明显，说明穴位已经取准了。两个大拇指同时按压，再同时松开，直至酸痛感消失，穴位周围的肌肉变软为止。

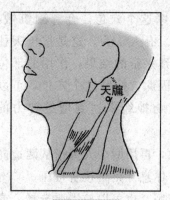

图 38　天牖

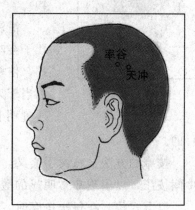

图 39　率谷、天冲

5.率谷、天冲

率谷穴的寻找方法很简便，将耳壳紧贴于耳后颅骨上，耳尖处向上 1 寸处就是率谷穴。这个穴位按压时胀痛感很明显。找到率谷穴后，就可以方便地找到天冲穴，天冲穴就位于率谷穴后下方的地方（见图 39）。

率谷和天冲两穴，传统医学认为是治疗听力减退和耳部疾病的穴位。实验证明，它们对于恢复听力、防止大脑功能衰退、促进脑细胞功能活跃有明显效果。其作用与头维穴近似。

按摩的方法，可用双手手掌托住腮，中指找准穴位，加力按压，并

53

分别按顺时针和逆时针方向各揉转 10 圈，停顿 10 秒钟，再做下一遍。连续按压 3 遍。

6. 天柱

"天柱"，按字面上的意思，是指支撑大脑的柱子。很多人在按摩这个穴位后，自己感觉到眼睛变得明亮，看东西更加清楚。这与古书上记载天柱穴又叫眼点的说法是相吻合的。

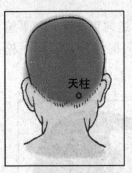

图 40　天柱

取穴的方法：用手指沿着脑后两根大筋往上摸，当摸到坚硬的颅骨时，就是颈项与头骨的交界处，再往左右各分开一点，靠近大筋的边缘，上面是头骨的边缘，就是天柱穴（见图40）。

清晨起床时按摩这个穴位，会感到饥饿，肚子会咕噜噜地响。有人认为，这是按压天柱穴，使植物神经得到兴奋的结果，作用的部位相当于人的间脑。因此，按摩这个穴位，可以通过明目、兴奋植物神经来达到增进智力的目的。

按摩的方法：将两手交叉，抱住后脑勺，再用两个大拇指从两边向中间按压，以出现非常明显的酸胀感为止。休息片刻再接着按压。

以上穴位，在每次按摩时，可以全部都用，也可以按需要选择，或配合得当，交替使用，但每次不得少于 4 个。按摩时，要给予足够的刺激量，否则会劳而无功，成为无效劳动。

只要长期坚持按摩，且取穴准确、方法得当，不仅能取得很好的健脑益智作用，对轻度智力障碍、轻度智力发育不良和智力发育不平衡等症也能产生较好的治疗作用。

7. 脚底按摩使你智如涌泉

按摩足底中心部位的"涌泉"穴，即俗话所说的"搓脚心"。而"涌泉"穴的含义，是能使人的活力和聪明才智如泉水喷涌而出。古书上记载这个穴位的功能就有"治善忘、安神、通关、开窍、醒脑、固真气"等涉及智力的作用。

54

涌泉穴的位置在足底中部，约脚掌前 1/3 和后 2/3 的交界处，当脚趾向下弯曲时，这里会出现一个凹陷，穴位就正当这个凹陷处（见图 41）。按摩的方法：

临睡觉前先用热水洗脚，擦干后，一手握住脚趾，另一只手摩擦涌泉部位，摩擦 50～100 次，以局部发热为标准，然后活动脚指头。两脚交替进行。可以自己按摩，也可以由家长代为摩擦。

图 41　涌泉

除了这种方法外，还有一种滚竹筒的方法，也是脚底按摩的妙法。做法为：取一截直径约 10 厘米的毛竹筒，长 50～60 厘米，两脚站在上面，手扶床栏或扶墙，脚底用力，来回滚动竹筒，充分按摩涌泉及其附近部位，直至脚心酸胀发热为止。由于这种方法具有游戏的特点，所以孩子们特别欢迎，民间还有一种"踩竹筒"的方法，与滚竹筒原理一样，只是做法有所不同：将毛竹筒对半剖开，取其中的一半放在地上，双手扶墙，双脚掌踩在毛竹筒上，让毛竹筒隆起的半圆形按压脚心，然后像正步走一样抬起腿，脚离竹筒 30～40 厘米，双脚交替踩竹筒，直至脚心酸胀发热。

以上这些方法，非常简便易行，而效果十分明显。中医认为这些方法能够固真气、降虚火、补肾气、镇静安神、舒肝明目、疏通经络、流行气血以健体强身、益智补脑。

二、形体体操益智

大脑是人体的司令部（指挥部），形体的每一部分都直接影响着大脑。少年学生大脑容易疲劳，只要加强形体的某一部分的锻炼，或做益智体操，就能起到健身益智的作用，提高学习效率。

（一）"十指连心"与运指益智

在我国传统医学理论中，"心主神志"，心是统管神志和思维的器官，这实际上就是大脑的功能。在日常生活中，我们也常说"某人学习很用心"，而不说"用脑"。有一句成语，叫做"心灵手巧"，说出了"心"（大脑）与"手"的关系——心灵才能手巧，手巧必然心灵，"十

55

指连心"，也就可以解释为"十指连脑"了。

我们可以看到，手在人的大脑全部功能中占据了相当大的部分。既然小小的手掌与十指需要大量的脑神经来支配，那么，运动手掌与十指，也必然会使很大一部分脑神经得到锻炼。这就是"十指连心"、"心灵手巧"最坚实的生理基础，也是运指益智法的生理基础。

中医有"阳气起于四肢之末"的理论，手足末梢的穴位对治疗脑部疾病有卓越效果。民间的健身运动对健脑益智，防止脑细胞衰老等功效也早已被实验所证明。分布于第二掌骨侧的一组穴位对应着整体上的各个部位，在这组穴位上进行按压诊断，可根据压痛点的部位来诊断相应部位疾病，在压痛明显的穴位上针灸或按摩，可以治疗这些疾病（见图42、图43）。这也为运指健脑的方法提供了证据。运指的方法很多，下面简要介绍几种。

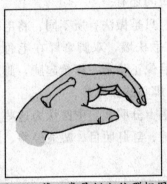

图42　第二掌骨侧穴位群概图

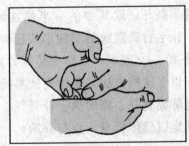

图43　测右手第二掌骨侧时的按压方法

1. 搓捏掌指法

这是较简单的方法，最适应于用脑之前以激发灵感，或学习中感到头脑滞钝时练习。

先将两掌对合于胸前，上下搓动，动作稍快，连续摩擦40～50次，然后停止搓动，两掌对压，尽力相互推抵，连续推压40～50次。压掌完毕后，两手分别握拳，将大拇指屈入掌心，用其余四指紧握拇指，一紧一松，反复用力20～30次。最后，右手握住左手食指、中指、无名指、小指，用力握紧，一紧一松，做20～30次，再换另一只手按上法

56

操作。以上方法没有什么奥妙，只要用力就行，一般都能起到清脑爽神，解除大脑疲劳的作用。

2. 不对称运动游戏

不对称运动游戏有很多种方法，虽然开始练习时很不习惯，往往"手足无措"，逗得别人哈哈大笑，但正是这种逗乐的游戏会使少年们十分感兴趣。

游戏时要循序渐进，由简到繁，一步步加大难度。

3. 屈指

左右双手同时做屈指运动，左手屈拇指，右手同时屈小指，或左手屈食指，右手屈无名指。动作由慢到快。做一段时间后，左右手交替再做。

4. 指鼻子指眼

家长握住孩子一只伸开的手掌，用另一只手拍打孩子手心，孩子的另一只手用食指按在鼻尖上，其余四指握拳。家长每打孩子手心一次，嘴里同时喊出"鼻子"、"眼"、"嘴巴"、"耳朵"等各种指令，除喊"鼻子"时手指不动外，其余指令喊出时，孩子要迅速地将食指指向所喊指令的部位。由于喊指令与手指移动几乎同时进行，所以孩子往往会乱指一气，逗得旁人哈哈大笑。但这种游戏对训练孩子反应能力、判断能力、应变能力最有帮助。

5. 摩膝敲膝

左手伸开，手心紧按在左膝头；右手握拳，拳头搁在右膝头。喊"开始"后，左手沿大腿前后摩擦，同时右手用拳头上下敲打膝头。开始做游戏的时候，左手总是不自觉地变成与右手一样的敲膝动作，或右手变成与左手一样的搓膝动作。当逐渐习惯后，双手就会逐渐适应各自的动作，这时别人可以大喊一声"换"，要求左右手变换动作，变换之初，会出现手忙脚乱的状态，引起旁观者的欢乐大笑。

6. 对指按摩法

这是一种与气功结合的运指健脑方法，这种方法对少年们效果最好。

端坐椅子上，保持自然和舒适，头部不要偏斜，放松肩部与颈部，

57

眼睛似闭非闭，嘴唇似开非开，舌尖轻抵上腭，两腿平行分开，与肩膀宽度相同。

坐好正确的姿势后，开始运气。运气时全身放松，注意力集中在"丹田"（肚脐下3寸），吸气、呼气由鼻腔进行。吸气时细长而均匀，小腹随之向外凸起；呼气时细长而无声，小腹部随之变凹变平，同时默念"运指健脑，智慧无穷"之类的词句。一呼一吸为1遍，连做10遍，再进行对指按摩练习。

做对指按摩时，呼吸要自然均匀，两臂轻轻用力夹胁肋部，两侧手掌平举至胸前，距胸前30厘米左右，十指朝上，掌心向内，双眼渐渐睁开，凝视手掌，如读书状。注意力集中在十指尖。运指时将两侧大拇指的指尖对住同侧的食指指尖，两拇指同时沿食指向下按摩，当按摩到指根时，将拇指移往中指根部再沿中指向上按摩，至中指指尖；再将拇指移往无名指指尖，沿无名指屈侧向下；再移至小指指根，向上按摩至小指尖。四个指头全部按摩完毕，即循原路返回，将四指按相反方向按摩1遍。以上方法重复3遍后，合掌凝神，将注意力收回至丹田处，十指交叉，相互搓擦指缝。最后将两手掌放回大腿上，静坐两分钟即可。

（二）梳头的健脑作用

头发与智力的关系异常密切，因为头发与智力依靠的是同一种物质基础："肾精"。中医认为，肾藏精，精主神。智力就是中医所说的"神"，我们平常"精神"二字连用，就是这个道理。"肾，其华在发"，肾精有余，则护养头发，人老了，肾精不足，所以头发变白。因此，秀发往往是智力健全的标志，而头发的保健，反过来也能健全人的智力。

按中医的经络学说，头部为"诸阳所会，百脉相通"之处，头顶正中的穴位就叫"百会"。在紧张地学习后，大脑十分疲劳，这时用梳子或手指梳理头发，会使人感到神志爽快、头脑清醒、疲劳消除。经观察和测试发现有意识、有规律地梳头，实际上是在对头部各个穴位进行按摩，施加刺激。通过这种刺激，可以调节大脑皮层的兴奋和抑制过程，增强头部神经的机能，促进血液循环和皮下腺体的分泌，改进营养代谢。按古书上的记载，即气血流通、散风明目、荣发固发、提神醒脑、改善睡眠。

梳头健脑的方法很简单：每天早上、晚上各梳头 1 次，由前到后，再由后到前，由左向右。如此循环反复，梳数十遍至百余遍，以头皮出现发热和紧缩之感为止，也可以结合有关头部穴位按摩。

需要注意的是：只有长期坚持，才能见到满意效果。其次，头发宜多梳，但不宜多洗。古书上说："除夏以外，五日一沐"，这是有道理的。尤其注意不能洗头后受风受凉，否则容易患头痛症。

（三）"用嘴"来益智健脑

口的运动需要很多脑神经来指挥，也会给大脑皮层以大面积的刺激，促使大脑的发育与成熟。实验证明，咀嚼肌的有效收缩，能给大脑发出强大的觉醒信号，而嘴巴的运动能使脑部血液量增加，改善大脑的供氧，因而起到健脑益智作用。

因此，少年们经常有意识地"动嘴"，会收到很好的益智效果。

1. 多说话

少年在成长期，是非常喜欢与别人说话的。这不仅能使他们学会更多的语言，更重要的是通过口部的运动向大脑发出刺激，使大脑的语言中枢和思想中枢能得到有效的信息，从而促进大脑的发育。可是有不少家长不理解这一点，对说话过多的孩子嫌烦，每逢孩子啰啰嗦嗦问个没完，或是自己情绪不佳时，总是呵斥、责骂孩子。有的孩子因此不敢说话，发展到后来就变得沉默寡言、反应迟钝，影响了他们的智力发育。因此，在孩子很小的时候，我们就要鼓励他们多说话。

2. 多咀嚼

咀嚼运动是一种有效的健脑运动。对孩子来说，利用咀嚼以健脑的最好方法莫过于嚼口香糖和吹泡泡糖。当然，这在课堂上或考场上是不允许的。成天嚼口香糖也会影响消化功能，造成食欲下降，胃酸过多。因此，最好是孩子吃饭时细嚼慢咽，这不仅有助于食物的消化吸收，也是在锻炼大脑功能。

3. 多朗读

在小学低年级，老师十分强调朗读，这是很好的学习方法。专家们认为，朗读与默读的效果是大不一样的，默读能起到记忆和理解的作用，而朗读不易理解所读内容，却能训练大脑。根据这个原理，应该提

59

倡少年朗读。朗读、背诵时能理解内容最好，即使不能理解，它仍能活动口腔及其周围肌肉，并能刺激脑部神经，促进大脑功能。

平时在做作文、考试等用脑力较多的活动之前，可以随便拿本书，大声地朗读 5 分钟，这会很大程度地改善大脑血液循环和供氧，使思绪宁静，全身轻松，在思考时效果十分好。

4. 多大笑

不少人都有这样的经验，每当用脑过度或情绪不佳而注意力难以集中时，只要遇上可笑之事，引起一场大笑之后，再回味一下——情绪不仅会转好，思维也会清晰得多。

为什么"笑"对大脑有这样强烈的兴奋作用呢？首先，引起笑的原因是轻松、愉快、热闹、滑稽之类的事情，它们对大脑产生一种兴奋的刺激，引起愉快的心理反应，而愉快的心理是改善大脑状态的最好调节方式。

其次，大笑是以口为主的全身性肌肉活动，口、唇、面部无数块肌肉在同时进行着剧烈的收缩和舒张的交替运动，胸、腹乃至背部、四肢的肌肉也要随着大笑时的"前仰后合"而剧烈运动。每当肌肉在短时间内持续紧张，就会向大脑的网状体发出强烈的兴奋信号，刺激脑细胞发生兴奋，使大脑得到锻炼。

此外，大笑时，位于胸腹腔之间的横膈会发生大幅度的上下运动，膈肌的运动对胸腹腔内的所有脏器都产生了"按摩"作用，使内脏得到良好的运动，并通过植物神经，将运动信号反馈到大脑，大脑接受到来自内脏的多种信息，也是活跃脑神经的重要刺激。

还有，大笑时腹肌收缩、横膈运动，会使呼吸变得剧烈，腹腔压力加大，使肺脏内的空气大量挤出，肺和胸肌的间歇性放松，又能使新鲜空气更多地被吸入。这样就自然而然地形成了腹式呼吸。

5. 多漱口

漱口所起的作用好比是对大脑进行"按摩"，它与"笑"一样，也是一种较剧烈的口腔运动，能给大脑提供有益的刺激。

口腔与大脑只隔一层骨头，就像一墙之隔的邻居。漱口时，除面部肌肉剧烈运动给大脑以刺激之外，口腔内的血液循环也会加快。口腔血

60

管与脑血管的关系比较密切，因此，脑血管的功能可以得到改善，脑部的血液循环加强，供氧也会增多。尤其是用冷水漱口，口腔血管先是迅速收缩，然后逐渐扩张，使血管得到"弹性锻炼"。

漱口对大脑的促进作用，只要通过简单的实践即可得到证明：当学习疲劳时，只要用冷水漱上四五遍，就会感到神清气爽，眼明心亮。

少年正是龋齿多发的年龄段，漱口不仅可清神醒脑，也是清洁口腔、防龋护齿的措施。多漱口可一举多得。

（四）利用"鼻子"调节智力

鼻子是呼吸器官，保证人体能有新鲜的氧气供应，而大脑是时刻也离不开氧气的，供氧越充分，人的大脑也就越好使，反之则思维迟钝、昏昏欲睡、记忆力减退、反应不灵敏。在供氧这一点上，鼻子可称得上是智力的闸门。

呼吸与情绪有关。情绪紧张时呼吸加快，平静时呼吸平稳。情绪对人的智力影响很大。如果在情绪变化较大时有意识地去调整鼻子的呼吸，结果会对情绪起到调节作用。

近年来生理学研究发现了称作"鼻循环"的呼吸形式，即人在平时的呼吸并不是两个鼻孔同时均匀地进行，而是左、右鼻孔交替为主进行呼吸运动。有趣的是，左、右鼻孔的呼吸，对人体会产生不同的影响。例如：以右鼻孔为主进行呼吸时，人的大脑会发生兴奋，使神经系统进入紧张状态。在学习时，只要身心投入，多半用右鼻孔为主进行呼吸，情绪剧烈波动时也是这样。而以左鼻孔为主进行呼吸时，大脑会趋于平静安宁，使神经系统进入轻松状态。

"鼻循环"有一个周期，每隔 2～4 小时，左、右鼻孔即交替呼吸 1 次。但周期交替的时间长短在不同年龄阶段也不一致。一般来说，年龄越大，间隔周期越长。

61

知道了这些原理，我们就可以有意识地运用鼻循环来调节智力。在情绪不佳、智力下降、烦躁不安、注意力不集中时，可以用堵塞右鼻孔的方法，使呼吸变为以左鼻孔为主，这样可使人的思维能力渐渐加强，注意力能很快集中起来，起到健脑、改善智力的作用。

在考试前情绪紧张，神志不宁，难以正常发挥应有智力水平时，此法亦有极佳效果。具体做法是：用棉球堵塞右侧鼻孔，过几分钟后放开，过 5～10 分钟后再堵上右鼻孔。如此反复数次。在考试时，可轮流堵塞、开放左、右鼻孔，以加快智力调节速度。

（五）运动耳壳健脑益智

根据中医理论：肾主骨、生髓、髓上充于脑。大脑的功能与肾有关：肾为先天之本，藏先天之精，与遗传、禀赋有密切关系；肾又开窍于耳，耳朵可以反映肾的功能好坏。通过运动耳壳，可以由耳部与肾相通的经络而影响到肾的智力功能，起到健脑作用。

有一种简便易行的运耳益智方法：每天早晨起床后，用右手绕过头顶，抓住左边耳壳，向上拉引，连做 10～20 次；再改用左手，用同样方法牵拉右耳 10～20 次。仅此而已，十分方便。这种益智方法，必须长期坚持。只要每天用 3～5 分钟做 1 遍，坚持数年，就可以使记忆力增强，思维敏捷，反应灵敏，头清脑健。此外，还能增强体质，增强抵抗力，尤其对听力更具有较好的保健作用。

（六）行之有效的健脑益智操

健脑益智操共有 20 节，可以利用早晨练习，也可以在课间操时间里做。如果家长、教师认为其中有不尽合理或过于繁琐之处，可以根据具体情况加以改进。

1. 上下耸肩

两脚分开，与肩同宽，安定情绪后，将两侧肩膀尽量上抬，使头颅夹在两肩头之间，稍停片刻，再让肩膀迅速落下。以上动作连做 8 遍（见图 44）。

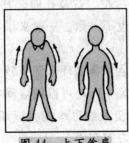
图 44　上下耸肩

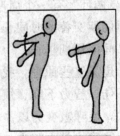
图 45　背后举臂

2. 背后举臂

两臂在背后交叉伸直，然后用力向上抬起，好像将肩胛骨往头的根部推一样，这种姿势保持 2～3 秒钟，让两肩猛然落下，像往腰上撞一样（也可以撞上）。做 10 遍（见图 45）。

3. 叉手前伸

双手交叉，放在胸前，掌心向下，然后两上肢迅速地向前用力冲出。同时，迅速向下低头，使头部夹在伸直的两臂之间。连做 10 遍（见图 46）。

4. 叉手转肩

两手掌五指交叉，掌心向下，向左右两侧转动肩部，以腰为轴心。转动时头随身动。转动的幅度要超过 90°。左右交替各做 5～10 遍（见图 47）。

图 46　叉手前伸

图 47　叉手转肩

5. 前后曲肩

两肩向后尽力扩展，使两块肩胛骨尽量向背部中间靠近。然后将两肩向前内缩，使两个肩膀头在胸前尽量靠近，并使两个手背靠在一起。连做 5～10 遍（见图 48）。

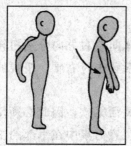

图 48　前后曲肩

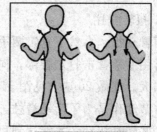

图 49　前后转肩

63

6. 前后转肩

将两个肘关节屈曲，呈直角，上臂转动，旋转肩关节。先由前向后旋转，再从后向前旋转。旋转的次数视情况自定，以肩部感到轻松为准（见图 49）。

以上六节，能使肩、颈部得到锻炼，从而改善大脑的血液循环，使大脑能得到充分的营养供应。

7. 点头摇头

将双手放在身后，五指交叉，手部轻触腰间，身体挺直。先使头部做前倾后仰的动作，动作由轻到重，幅度逐渐加大；然后再将头向左右方向歪撞，运动也是渐渐加大，直至两耳将触肩部（但注意不要用肩头去迎耳朵）。随着动作加大极限，颈项部的肌肉会嘎吱作响。

然后再做摇头运动，尽量向左右扭头，可以平坦，也可以仰扭。动作的次数根据情况自定（见图 50）。这一节操有醒神爽气作用，做完后会感到头部舒畅，思路敏捷。

图 50　点头摇头

8. 扭转脊柱

两臂放松，自然下垂，两手半握拳。身体向左右方向分别扭转，往左转时用左拳背击打左腰部，向右转时用右拳背击打右腰。扭腰的幅度逐渐加大。连做 20 遍（见图 51）。

本节动作是为了活动脊柱，使脊柱变得灵活柔软，因此必须使脊背挺直，并转身扭动，才能达到目的。不能将注意力集中在手部的击打动作上，否则会忽视脊柱的扭动。这节运动能有效地改善脑功能，提高身体的灵活性和反应能力。

9. 张嘴伸指

先垂手站立，掌心向前；再将双手用力握紧成拳，同时将两嘴角向两侧下方撇，使嘴成为月牙形，坚持一会儿后，将嘴尽量张大，像大喊"哇"时的口型（也可以大喊出声），在张大嘴的同时，将握拳的五指猛然伸开，指与指之间尽量张大，如枫叶状。做完后再按以上顺序连做10～20遍（见图52）。

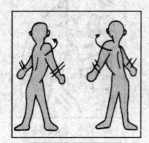

图 51　扭转脊柱

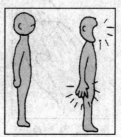

图 52　张嘴伸指

这节动作中的张嘴，要求像婴儿张着大嘴哭喊那样，尽量把嘴张大，头部略向后仰，不要不好意思。样子虽然不雅，但能给大脑以很好的刺激，改善整个头部的血液循环，加大对脑的供氧，从而促进大脑机能。

10. 出手抓物

将两手放在胸前，五指尽量伸展，随即猛然向前伸出两臂，同时像抓住什么东西似的用力将手握成拳头。连做5遍。

然后，两臂向左右伸出，做相同的动作，也要做5遍（见图53）。做上述动作时必须注意，伸指、握拳均必须用力。

11. 搓擦两手

合掌来回摩擦，至掌心发热为

图 53　出手抓物

65

止。再用右手掌摩擦左手背，用左手掌摩擦右手背，各摩擦10～20遍（见图54）。

12. 手攥四指

用右手轻轻攥住左手食指、中指、无名指和小指，然后用力攥紧，一松一紧，从左手指尖逐渐向指根和手背方向滑动，连续做几遍，并注意节奏感。再换手，按上法连续做几遍（见图55）。

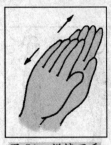

图54　搓擦两手

图55　手攥四指

13. 四指攥拇

分别用左右手的食指、中指、无名指、小指将大拇指攥在手心，有规律地反复用力攥几遍。攥时双手同时用力（见图56）。

以上10～13节的动作有"安神静脑"作用，可以刺激位于手部的各个穴位，有益于精神饱满。

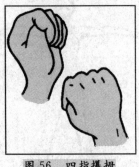

图56　四指攥拇

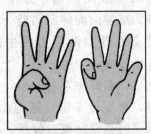

图57　屈指数数

14. 屈指数数

像屈指数数时那样，先将双手的大拇指同时屈曲，再屈曲两手指，接下去依次使 5 个指头屈曲，呈握拳状，然后从小指开始，依次使两手 5 指伸开。连做 5～10 遍。

再接下去做双手的非对称屈指运动，即左右手动作相反或动作交错。这种动作刚开始做时比较难，要聚精会神慢慢做，做错了必须重来，绝不敷衍。屈指之后，再依相反次序逐指伸开。然后，左右手屈指顺序变换再做（见图 57）。

15. 垂手摇摆

放松手腕，下垂，先上下迅速扇动，就像鸟儿扇动翅膀，做 20 遍。然后，向横的方向来回甩手，也做 20 遍（见图 58）。

16. 指压颈后

即指压天柱穴。双手交叉抱于脑后，先用大拇指按准穴位，2～3 秒钟后松开；接着再按压 2～3 秒钟，再放开。两拇指同时用力。连做 10 遍。随后按摩该穴位，以天柱穴为圆心，拇指顺时针、逆时针交替按摩直径 2～3 厘米的区域（见图 59）。这节动作能调节植物神经，改善大脑血液循环，消除眼睛疲劳。

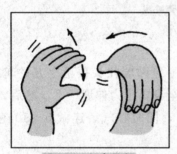

图 58　垂手摇摆

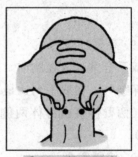

图 59　指压颈后

17. 指压头两侧

双手拇指有节奏地按压头两侧和耳部上方，这些部位有提高脑力、活跃思维的几个穴位（见图 60）。指压以酸胀明显为度。

18. 指压颈两侧

像第 16 节那样手抱脑后，用拇指从耳朵后方圆形硬骨体（完骨）下开始，向下按压至颈部中段。按压时要有节奏地逐渐向下（见图 60）。

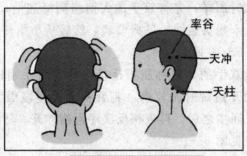

图 60　指压头、颈两侧

图 61　举臂呼吸

19. 举臂呼吸

双手合掌，放在胸前，再将两掌心紧贴着往头顶正上方举起双臂，同时深吸气，在双手到达最高处时，全身要用力伸展一下。然后，两手分开，两臂伸直由身体两侧平稳落下，同时呼气。连做 5～10 遍（见图 61）。

20. 控制意念

静立，两腿分开，与肩同宽，腿部放松，两臂下垂，掌心向外，置于身体两侧，双手拇指与其他四指使劲张开，每个指头都要用力，大拇指指向身后。两眼注视正前方，在头部不动的基础上，逐渐将目光移至离脚尖 2～3 米的远处。然后调整呼吸：小腹用力，口微张，缓慢地向外均匀吐气，再迅速放松小腹，使新鲜空气深长地吸入体内。如此反复

68

多遍。这个动作，可以放松情绪，安定神志。

从第 16 节到 20 节的动作，实际上是结合了按摩、气功的内容。这部分动作，可以在 16 岁以上的少年中练习，年龄在 16 岁以下者只练前 15 节动作就可以了。

以上这套益智健脑操，费时不多，动作不难，运动量不大，只要坚持练习，对智力的发育、大脑的健康很有好处。除了每天坚持做 1～2 遍外，每当考试、做作文、解难题等用脑之前也可以练习，能起到立竿见影的效果。

（七）益智强记的单侧健脑操

人的左半个大脑主要进行理性思维、记忆等活动，右半个大脑则主要进行形象思维等活动。中小学生如果成天忙于语文、数学等课程的学习，左半脑就容易疲劳，出现记忆力减退、精神萎靡、注意力减退、思维滞钝等现象。这时如果进行一些加强右脑锻炼的运动，就会使左脑得到休息和调节，充分发挥右半脑的作用；使右脑加强锻炼，也会使两侧半脑均衡协调地发展。

我国传统的中医学很早就知道人体经络的左右交叉原理，针灸学中有"左病右取，右病左取"的治疗原则。中医著作中有这样的记载：中风半身不遂的病人，左半身不遂，歪斜在右；右半身不遂，歪斜在左。这与现代医学右脑支配左半身，左脑支配右半身的理论是吻合的。因此，锻炼右脑功能的体操，就要注意活动左半侧的肢体。

根据这个原理，单侧健脑操是通过对左半身的运动来提高大脑工作效率，增强记忆力的。这套体操动作简单，易学易做。尤其适用于小学高年级和初中学生。经实践证明，确有健脑强记功能。

1. 举臂运动

直立，平视前方，双上肢自然下垂。左手紧握成拳，左腕用力，使前臂弯曲成 90°并慢慢上举，举至上肢伸直，然后慢慢弯曲左前臂，由左侧缓缓放下，恢复垂手直立姿势（见图 62）。

进行上述动作时，左臂要一直使劲，不要放松，动作要平稳，呼吸自然。连续做 5～10 遍。

69

2. 划弧运动

直立不动，左臂平举于身体左侧，然后慢慢上举，直至左臂直立，再以相反顺序回到垂手直立姿势（见图63）。

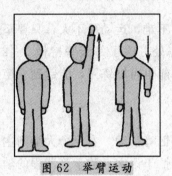

图 62　举臂运动

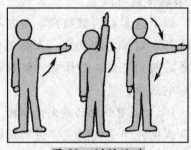

图 63　划弧运动

这几个动作要注意以下几点：身体保持平衡，头部直立，两眼平视，头部不要侧向右侧，也不要靠向左臂，动作要连贯，不要中断。连做5～10遍。

3. 抬腿运动

仰卧，使腿伸直，两臂平放在身体两侧，上身不可弯曲。左腿伸直上抬，抬至与身体垂直；再使左腿倒向左侧，直至与身体平齐，但不要使左腿搁在床上或所躺的其他地方，即左腿不要松动。随即按相反顺序返回，最后恢复平卧姿势（见图64）。

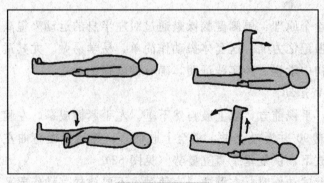

图 64　抬腿运动

做以上动作时，左腿必须最大限度地伸直，不能弯曲。连做5～10遍。

4. 侧卧运动

俯卧撑姿势，先双臂弯曲，将左腿向上方抬起，至最大限度为止，上身重点在左臂，右臂尽量不要用力。左腿逐渐放下，双臂伸直。再重复做俯卧撑2次（见图65）。

图65　侧卧运动

这节动作，次数由少增多，视体力情况而定。开始时动作不能过大、过猛，以免损伤腰、臀部肌肉。

三、音乐益智

音乐能调整情绪，在紧张的学习之余，听听音乐能增强记忆力，加强注意力，促进想象力，培养抽象思维能力。因此多听听音乐，对青少年能起到很好的健脑益智作用。

（一）音乐有开发智力的神奇作用

音乐对青少年智力的发育有重要的影响。实际观察发现，青少年对音乐有着天生的亲和力。但当孩子的理性思维渐渐得到加强，知识越来越丰富时，对形象性较强的音乐反而逐渐不敏感了。

那么，音乐为什么能开发人（尤其是少年）的智力呢？科学家的研究发现，婴幼儿最初对声响产生反应是在出生后的3、4周；到4个月时，孩子对有节奏的声音（如拍打手鼓发出的声响）产生兴趣；到了1岁半，小宝宝会自发地哼唱不成调的"歌曲"；2周岁时能唱几句"正正经经"的歌曲，并有明显的节奏反应；3周岁时可以成段、成首地唱

71

歌，也能够记忆旋律；4周岁时孩子就能边游戏边唱歌，音调、音高已经相当准确。

孩子在认识事物、了解世界、学习人生知识的过程中，最早使用的器官是耳朵，使用最多的器官也是耳朵。孩子会用最纯真、最不带成见的听觉去感受世界上的一切音乐，而人人都会有这样的经验：单念词的儿歌和谱上曲子的儿歌，后者会更快地被孩子记住；光有动作的舞蹈和伴有琴声（或节奏）的舞蹈，肯定是后者更容易学会。这是因为，语言、音乐是由左、右脑分管的，"念"的歌只被一侧大脑接受，而"唱"的歌则因为有词有曲，就能同时作用于两侧大脑，使孩子能合理、全面地使用左右大脑的功能，促进两侧大脑的利用，从而大大提高了记忆和思维能力。光有动作的舞蹈和伴有音乐的舞蹈也是同一个道理。因此，音乐才有促进青少年智力发育的作用。

音乐对人类智力的作用，首先表现在它能加强人的记忆力。欣赏或演奏乐曲，能强化人的神经系统的功能，使视觉记忆、听觉记忆都得到锻炼，并能加强情绪体验记忆。长期从事音乐创作的人，不仅有较强的记忆力，而且记忆的敏捷性、准确性、持久性都比平常人突出。生理学家也为我们找到了有关音乐促进记忆的奥秘：因为人的记忆过程与大脑的"边缘系统"有密切关系，而音乐能刺激"边缘系统"分泌的激素、酶、乙酰胆碱等的增多，这些物质能对中枢神经系统的功能产生广泛的影响，因此促进了记忆能力。

音乐对智力的第二种作用，是加强人的注意力。注意力是智力活动的警卫，也是智力活动的组织者和维护者。它能够捕捉信息，并能"聚精会神"，使思维焦点集中。人在欣赏或演奏乐曲时，必定要使注意力集中起来才行，经过长期的音乐实践，其注意力也必定会得到加强。

音乐对智力的第三种作用，是能促进人的想象力。想象力是智力活动的翅膀，也是创造力的源头。

音乐对智力的第四种作用，是培养人脑的抽象思维能力。音乐形象是比较抽象的艺术形式，没有具体的颜色、状态等外观形象，只能通过思维来理解。音律、节奏、乐曲结构具有高度的逻辑性，几乎可以和"科学皇后"——数学的高度逻辑性相媲美。因此，经常欣赏和演奏音乐，可以启发智力，加强理解能力和概括能力。

根据上述介绍，可以认为，音乐是少年益智的一种较好方式。

因此，首先要了解少年的生理特点，才能选择合适的乐曲。

进入小学后，低年级可以按照学龄前孩子的音乐益智法进行。10岁左右，就可以应用"少年音乐益智法"。

少年的音乐训练，要着重培养孩子的音乐抽象能力，以开发他们的逻辑思维。这就要学习一些音乐语言要素的知识，如旋律、调式、调性、和声等等，要让孩子体会音乐作品的"内容美"，不能局限于"好听"之类的"形式美"教育。

我国自古以来就将音乐作为必修课，诗、书、礼、乐缺一不可。这些措施并不是真要孩子们都去当音乐家，其目的主要是为了促进智力的发展。

10～15岁的青少年，可以有选择地选听下列乐曲：中国和外国的古典音乐，如《渔舟唱晚》、《钟山春》、《英雄交响曲》（贝多芬）、《佛罗伦斯之夜》；内容健康的现代乐曲，如《明天会更好》、《梅花》之类；抒情的轻音乐、流行音乐，如《绿岛小夜曲》、《读你》、《一剪梅》等。

（二）怎样实施音乐益智法

要想让音乐发挥益智健脑的神奇魔力，成为打开少年心灵的钥匙，光知道益智原理和选曲原则还不行。具体的实施，有时与所针对的对象的特点有十分密切的关系。

1. 乐曲的选择

不同旋律、速度、响度的音乐，对人体的生理、心理会产生不同的作用，起到不同的益智效果。一个人所属的民族、家庭素质、文化背景、性格特点、兴趣爱好也各不相同。因此，选曲不能千篇一律。

一般来说，10岁以上的孩子，就要选取一部分内容较深的交响乐了。

乐曲的选择，还要以孩子的生理状态为依据。例如，消化功能不好、厌食、挑食较明显的孩子，要选取和缓柔畅、庄严典雅的乐曲；大脑发育轻度障碍、反应迟缓的孩子，应选择轻松活泼的乐曲；如孩子体质虚弱、易感冒、咳嗽，则应选取慷慨激昂、恢弘博大的乐曲。

73

　　孩子的性格也应作为选曲时的参考。调皮好动、注意力难以集中的，应选敦厚稳重、节奏平和的音乐；性格内向、少言寡语的，则应选择热烈激情的乐曲；好哭、容易伤感的，多选些开朗明快的曲子。

　　2. 疗程的安排

　　音乐益智，要持之以恒，不能贪图一时的效果，应该每天坚持播放音乐或演奏、演唱。一般来说，音乐益智活动每天可进行 2 次，每次 20 分钟左右。

　　3. 参与的方式

　　音乐益智对孩子来说，有被动参与和主动参与两类方式。被动参与以欣赏乐曲为主，可以采用立体声耳机收听，也可以用录音机在室内或湖边、林中等安静、幽雅的环境中播放乐曲。但孩子喜动厌静，对音乐不会有太大的兴趣。因此，不能强迫他们规规矩矩地坐在椅子上，戴上耳机一本正经地听音乐，可以在孩子游戏或吃饭时，甚至在做功课时播放。有不少人认为做作业时开录音机会干扰孩子的注意力，影响作业的正确率，其实这是一种误解。实验证明：做作业时播放优美舒缓的乐曲，只要音量适宜，不仅不会影响学习，还会使孩子对所做功课记得更牢。因为做作业用的是主管逻辑、语言、概念的左脑，而音乐只作用于右脑。做作业时，只要注意力已集中在书本上，轻柔的乐曲就会不知不觉地刺激孩子的右脑，使两侧大脑得到均衡的锻炼，根本不会加重左脑的负担。

　　白天播放音乐，音量控制在 50 分贝为好。而孩子在睡觉前、做作业时，则应将音量控制在 40 分贝，这是最适合于人体功能的音量。一般来说，有催眠、镇静情绪作用的音乐，音量稍小一些；温和、舒畅的乐曲，音量中等，50～55 分贝；欢快、振奋的乐曲，音量可稍大一些，但不宜超过 70 分贝。总的原则是让孩子听到音乐后不是嫌烦，而是出现轻松舒适的感觉。

　　如学校让孩子听乐益智，可放在下课时、做体操时或课外活动时进行。

　　主动参与，则要求少儿积极参与音乐实践，如演奏乐器、演唱歌曲、载歌载舞。主动参与更能直接影响孩子的思想态度，提高少儿的艺术兴趣，促进视、听和四肢运动的协调发展，培养积极进取的参与精神，加强自信心，进而达到开发智力的效果。有关资料表明，经常操作乐器的儿童，其语言逻辑、抽象思维能力均高于同年龄少年的水平。

据观察，性格外向、好动、爱幻想的孩子，采用被动参与的方式较好；而性格偏于孤僻、内向的孩子，则应积极诱导他们主动地参与。

4. 环境的选择

运用音乐开发青少年智力，实施时的环境十分重要。环境布置得合理，可以收到事半功倍的效果。

对孩子们来说，进行音乐益智时的场地必须整洁、美观、宽敞，最好在树荫下、花园中，这样会增强益智效果。如果在室内，就要注意保持空气清新，周围摆设一些盆景、花卉之类，以增添诗情画意之感，窗帘以淡雅、柔和的色调为好。

环境的色彩与益智也有关系。在以橙色或黄色为基调的环境中接受音乐，会使人产生温暖、欢畅的感觉；蓝色或绿色，能使人产生安全和镇定感；浅蓝色或白色能渲染出纯洁的意境。因此，对性格内向、身体羸弱的孩子，应布置以红、黄为主的兴奋色光的环境；对急躁外向、调皮好动的孩子，则应给他们蓝、绿等光线柔淡的镇静色光的音乐环境。

(三) 弹琴对智力发展大有裨益

我们这里所说的"弹琴"，是泛指所有乐器的演奏。那么，演奏乐器对智力发展能有哪些好处呢？

从原理上看，古人用两个极简单的词做了概括，即一为"调神"，二为"练指"。通过主动的安定情志和手指运动来发挥大脑的功能。

先谈谈"调神"。无论古今中外，对演奏乐器的要求，无不强调要平心静气，进入一种淡泊的境界。实际上，宁静所要达到的效果，就是为了使人体的生理、心理节奏与大自然的节律互相融合，使人的大脑处于一种最安静、最有序的状态。长期处于这种环境中，大脑就

75

会变得聪明，对全身的协调作用也会加强。其次，"调神"使身体的内环境保持稳定的平衡。加强抵御和修复致病因素侵害的能力。同时，调神时的心身运动，能对身体的组织器官起到自我按摩、疏通气血的保健作用。

至于"练指"，则是训练感知能力的一种好方法。某音乐学院曾对学生作过调查，学生们在学习音乐、演奏乐器后，智力大有提高，其中注意力得到增强的有 77.1%，记忆力增强的占 91.9%，感知能力提高的有 85.1%，情感体验能力提高的占 87.8%，想象力增强的占 95.9%，理解力提高的占 97.3%。

在乐器的演奏中，无论是弦乐、管乐，还是弹拨乐、打击乐，左右手的运动总是要超过日常生活中的很多倍，而左右手的使用可以大大促进大脑右半球的发育，对提高整个大脑的储存、传递信息的能力，提高思维速度来说，具有非常重要的作用。而双手互相配合的运动，对提高整个大脑皮层的兴奋性极有益处，会使学习的效率大大提高。

（四）有些音乐对智力有害

首先应该明确指出，并不是所有的音乐都能开发智力，促进身心健康。2000 多年以前的古人就曾告诫世人："淫声不可入耳"，因为它不仅使道德沦丧，对身心的发育也是有害的。

经过理论与实践的认真查考，证明不利于（或有害于）智力的乐曲有以下几个方面：

1. 靡靡之音

即上面所说的"淫声"，它会使人情绪低落，消极颓废，缺乏果敢、自信，因此不利于智力发育。

2. 不和谐音

即音量、节奏、旋律起伏变化无规律，反差强烈，变化过大的音乐。这些乐曲会促使人的大脑紧张，呼吸、心跳加快，血压升高，对少年的生理、心理、智力都有影响。

3. 怪诞之音

凡节奏疯狂、音调怪诞、声音嘈杂的乐曲，都与人体生理节律不相吻合，使大脑神经遭受不良刺激，从而影响记忆力和反应能力。

具体来说，不同年龄阶段的孩子，所禁忌的音乐也各有不同。

进入少年期后，音乐益智要求采用格调高尚、催人奋进的音乐作品，最忌靡靡之音，像《何日君再来》一类的乐曲，只会使人沉醉和萎靡，消磨奋斗的意识，而智力也会在"痴迷"中退化。

青春期的少年，正是身体发育、智力发展的黄金时期，智力如何，一部分是先天因素，另一部分是后天的影响，后者所占的地位及作用是绝对的。也就是说，青春期少年只有通过各种方法积极锻炼，才能让大量赋闲的脑细胞充分活动，从而达到提高智力的目的。

第三节　养成良好的睡眠习惯

一、为什么需要好好睡眠

世界卫生组织一项研究表明：睡眠病症在世界上是一个没有得到充分重视和良好解决的公共卫生问题，全球约有 27% 的人遭受睡眠病症困扰。睡眠不足使人发胖、短寿。"数羊"无助于安然入眠，打鼾有害健康。在长期失眠的背后，可能隐藏着严重的肌体和心理疾病。

研究显示，睡眠时有呼吸暂停现象的人患中风的可能性是正常人的3 倍，患心脏病的危险也大大增加。如果连续两个晚上不睡觉，血压会升高；如果每晚只睡 4 个小时，胰岛素的分泌量会减少，仅在一周内，这就可以令健康的年轻人出现前驱糖尿病的症状。研究人员还认为，睡眠时可以产生控制脂肪和肌肉的生长激素，睡眠不足会使人变得大腹便便。另一项研究表明，如果两个晚上不睡觉，免疫系统就会发生变化，使人难以抵抗传染病。免疫系统功能的减弱还会使抵御早期癌症的能力降低。睡眠不足的影响绝不可小视。睡眠时间短的人寿命比每天睡 6 到8 小时的人要短。

77

二、走出睡眠的误区

人们对睡眠的一些传统认识是不科学的；树立正确的睡眠观念，必须走出四个误区。第一个误区是"数羊"入眠。失眠的夜晚，人们常常会用不知何时开始流传的"数羊"方法。英国牛津大学研究人员哈维认为，"数羊"太单调，无助于人们排遣焦虑情绪并安然入睡。相对于单调的"数羊"而言，想象一些放松的情景更容易帮助人们调整思维，安然入眠。第二个误区是打鼾对健康无害。专家指出，偶尔打鼾且鼾声均匀，对人体的确没有明显的不良影响，但如果在 7 小时睡眠中，因打鼾引起的呼吸暂停超过 30 次，每次暂停时间超过 10 秒，就属于典型的睡眠呼吸暂停疾病，容易诱发高血压、心脏病、糖尿病等 20 多种并发症。第三个误区是老年人"觉少"很正常。老年人和年轻人一样需要充足的睡眠，这是健康长寿的一个重要因素。由于老年人睡眠功能退化，夜间较难入睡，所以才会给人造成"觉少"的错觉，正确的方法是老年人在白天应适当补充睡眠时间。第四个误区是"打盹无益"论。现代社会，特别是在城市中，人的压力越来越大，睡眠透支已成为一种都市流行病，打个盹，无疑是个好办法。国外一些大公司甚至在办公区内专门设

有"打盹区"，以帮助员工在最短时间内恢复体力，保持最佳精神状态。白天打盹的最佳时间是下午 1 至 3 点之间，但夜间入睡困难的人最好不在白天打盹。我国民间习惯上把在睡眠中静静去世的老人称为"无疾而终"，但科学家认为，在睡眠医学里，这些老人多半是被睡眠疾病夺去了生命。国内的一项试验表明，一位患有严重睡

78

眠呼吸暂停疾病的老年人，睡眠中最长的一次呼吸暂停竟超过 3 分钟，而一个身体强壮的人如果 4 分钟不呼吸就会死亡。

三、怎样才能有个好的睡眠习惯

1. 为自己建立生物钟

人的身体中有一个内部的生物钟，它需要你把一切安排得井井有条。专家们说：你每天早晨都在同一个时间起床，即使周末也不要例外，这也许是建立你良好睡眠习惯的最重要的步骤，因为在同一个时间里把自己暴露在亮光之下，这实际上就给你的大脑里定好了闹钟。生物种一旦定好了并发生作用，那么，到了晚上的一定时间它又会导致大脑走向另一个方面，那就是开始昏昏欲睡，这就为你进入睡眠提供了良好的基础。因此，你首先要把自己早晨的生物钟定好，每天尽量在同一时间起床，起床后也不要在光线昏暗的卧室里呆着，应该起来散散步或在阳光明媚的窗户前吃一顿早餐。

2. 限制卧室行为

专家们认为看电视、计划明天的日程、和你的配偶一起解决问题和阅读，这些都会与你的精神状态有关。这些活动在对有些人来说可以为睡眠做精神上的准备，但是如果你的睡眠质量不好，那么你就应该严格限制你在卧室里的行动，除了睡觉，其他什么也不干。

3. 有策略地让自己进入睡眠状态

如果你经常持续不断地发现自己躺在床上之后还有很长一段时间精神头儿很大，那么这时你就会为怎样睡觉而发愁，你甚至担心明天的工作会受影响。于是你想睡好觉的压力就更大了。如果是一个爱发愁的人，就应该从白天的计划中单独拿出 30 分钟"发愁的时间"。在这 30 分钟里，你要把你关心的问题写下来，也要把你采取行动的计划写下来。如果在晚上睡觉的时候，这些麻烦又找你来了，那么你就可以告诉自己："我白天已经把这些问题想过了，都解决好了，所以现在绝对不用想它了。"如果你躺下后，既不是精神头很大也不是睡意很浓，躺下15 分钟以后，你没有睡着，怎么办呢？专家们说，在这种情况下你应该起床，起床后你应当避免带有刺激性活动，可以看电视风光片或令你

79

乏味的东西。当你感到昏昏欲睡的时候，你才可以上床睡觉。如果你有失眠症，晚上缺乏睡意，那你就不要早上床。一般来说，等到睡意明显时再上床，效果会比较好。

4. 使身体的体温符合正常的规律

即使你体温变化小小地起伏，也会在你的生物节奏中扮演一个重要角色。一般来说，睡眠往往是在体温下降之后才能来临的。而在正常情况下，体温的升高和下降又与人体接触光线的明暗程度有关。如果你体内的恒温器出了毛病，它们就会搞独立，不服从光线对它的影响，光线暗时精神头儿大，光线亮时却昏昏欲睡，那么你的睡眠就会出现问题。

失眠问题不是不可以克服的。仔细审视一下你的习惯，做点有益的工作，尽可以地建立良好的习惯，那么你就可以从今晚开始，每天晚上睡得更好。

第四节　眼睛的健康

一、眼睛的保护

"眼睛是心灵的窗户"，可见眼睛对人是何等的重要。在学习和工作的过程当中应该注意保护自己的眼睛，防止眼睛过度疲劳，否则就容易造成近视及引发各种眼部疾病。

保护眼睛是十分重要的。休息对眼睛来说十分重要，日间只要闭上眼睛或用手遮住眼睛几分钟，就很容易使眼睛地得到休息。在家中，可以用浸过金缕梅液的棉球或新鲜青瓜片敷在眼睛上。要保护好眼睛，应注意以下几点：

一要注意用眼卫生。无论是看书还是用电脑时间都不宜过长，每隔30至40分钟就休息10至15分钟，眺望远处，让眼睛充分放松。

二是不要在光线太暗的地方看书。不少人喜欢在卫生间看书，但卫生间一般光线较暗，光源也不科学，时间长了对眼睛肯定有损伤。有人喜欢躺床上看书，姿势不良易导致斜视或加重眼睛负担。

三是不要经常性地使用眼药水。随身携带一瓶眼药水，时不时掏出来滴上两滴，这已成为很多办公室一族的习惯。专家提醒眼药水不可以随便用，乱用眼药水极易对眼睛造成伤害。含激素类眼药水对缓解眼睛肿胀等局部充血效果较好，刚开始使用时眼睛会感觉非常舒服，长久使用，可能造成眼压升高、视神经萎缩而最终导致青光眼，使视力受损甚至致盲，这种损害一旦产生，任何手术与药物都无法挽救。

四是要多吃保护眼睛的食物，补充营养。动物性食物中的维生素A、植物性食物中的胡萝卜素直接参与视网膜上吸收光线的化学物质——视紫红质的形成，是保护眼睛、维持正常视觉的"灵丹妙药"。维生素 A 和胡萝卜素还是维持人体上皮组织正常代谢的主要营养素。一旦缺乏就会出现干眼病和角膜软化症。春季风干物燥，眼表水分蒸发快，是干眼症的高发季节，更应注意补充水分，多吃豆制品、鱼、牛奶、青菜、大白菜、空心菜、西红柿及新鲜水果等有助于保护眼睛。吃坚果类食物能加强眼部肌肉活动，促进眼部血液循环，减轻眼疲劳。

五是不要使用劣质太阳镜。太阳镜之所以能够阻挡紫外线，是因为镜片上加了一层特殊的涂膜。质量优良的太阳镜，阻挡紫外线的能力强，透光度下降又不多，不影响看视物时的清晰度，且镜片涂膜有一定硬度，表面不易磨损。劣质太阳镜却完全不同，不但阻挡紫外线的性能不强，涂膜容易破损使透光度严重下降，眼睛犹如在暗室中看物，此时瞳孔会变大，残余的紫外线反而会大量射入眼睛内，使眼睛受损。此外，镜片表面不正规，看到外界物体产生变形扭曲，使眼球酸胀，逐步出现恶心、食欲下降、健忘、失眠等视力疲劳症状，也加深了对眼睛的伤害。

二、眼睛保健

1. 眼保健操的穴位

眼睛还用做操吗？是呀，别小看这眼保健操，作用可大呢！小学生上课、读书、写字时，时间较长、过度紧张，都会影响视力的。这时候

81

休息几分钟，向远处看一看，按摩眼睛的穴位，对帮助眼睛消除疲劳，保护视力，是很有好处的。准确找到穴位是正确做眼保健操的必要条件。天应穴：眉头下面、眼眶外上角；睛明穴：目内眦角稍上方凹陷处；四白穴：眼眶下缘正中直下一横指处；太阳穴：眉梢和外眼角之间，向后一寸凹陷处。通过对天应穴、睛明穴、四白穴、太阳穴，四个穴位的按、揉、摩，使经络气行血通，促进眼睛的血液循环，加强眼神经的营养，缓解眼睛的疲劳。

2. 正确地做好眼保健操

如何正确做好眼保健操是至关重要的。

眼保健操共分四节：

第一节，揉天应穴：以左右大拇指罗纹面按揉左右眉头下面的上眶处，其余四指散开弯曲如弓状支持在前额上，按揉面不要太大。节拍8×8，计64秒。

第二节，挤按睛明穴：以左手或右手大拇指与食指挤按鼻根，先向下按，然后向上挤，一按一挤共一拍。节拍8×8，计64秒。

第三节，按揉四白穴：先以左右食指与中指并拢，放在紧靠鼻翼两侧，大拇指支撑在下颌骨凹陷处，然后放下中指，在面颊中间部按揉。注意穴位不能移动，按揉面不要太大。节拍8×8，计64秒。

第四节，按太阳穴，轮刮眼眶：举起四指，以左右大拇指罗纹面按住左右太阳穴，以左右食指和第二关节内侧面轮刮眼眶上下一圈计四拍。节拍8×8，计64秒。注意不要碰到眼球。

做眼保健操来不得半点马虎，穴位要准，手法要柔和缓慢，做到有点酸胀的感觉为好。做完后最好闭目1分钟，然后再望望远处，眼睛就舒服多了。坚持做眼保健操对视力正常的人，有预防近视的作用；对视力减退者有改善和恢复视力的作用。特别提醒大家，做眼保健操时，一定要清洁对手，不然，反而会让眼睛受到病菌感染。

82

第五节　口腔卫生与健康

一、重视口腔健康

口腔疾病已被世界卫生组织列为危害人类健康的常见、多发病，严重影响着人们的生活质量。我国人口患有牙周疾病的比例高达80％，研究证明，引起牙周疾病的细菌可以导致心脑血管疾病、心脏病、肺炎、甚至引起孕妇早产。

在口腔环境里，有许多细菌存在。这些细菌会附着在牙齿的表面，迅速增长繁殖，形成牙菌斑。牙菌斑如果未被及时去除，会继续在牙齿表面扩大、钙化，逐渐沉积形成牙结石。牙结石会对牙龈产生机械性压迫，影响血液循环，加上大量的细菌繁殖，会导致牙龈发炎、糜烂、出血。牙龈炎继续发展下去会导致牙槽骨和牙周膜的破坏，甚至牙龈萎缩，进而牙根暴露、牙齿松动，形成牙周病，严重的最终会导致牙齿脱落。牙菌斑还是出现龋齿的"罪魁祸首"。食物残渣是牙菌斑或唾液中细菌的主要食物来源，当牙齿咀嚼含糖食物时，牙菌斑会将糖分分解，转化成酸性物质，侵蚀牙釉质，最终导致蛀牙，出现龋洞。

口腔健康是人体健康的重要组成部分。世界卫生组织指出牙齿健康是指牙齿、牙周组织、口腔相邻部分及颌面部均无组织结构与功能异常。表现为：牙齿清洁，无龋齿，无疼痛感，牙龈颜色正常，无出血现象。由此可见，口腔健康是指具有良好的口腔卫生、健全的口腔功能及没有口腔疾病。

所以保持口腔卫生对人体健康至关重要，如何保持口腔卫生呢？专家建议：防止病由口入，关键是要树立自我防护意识，自我把关防病。

二、保持口腔卫生的方法

（一）漱口

漱口是一种简便易行的洁齿保健方法，因为刷牙不可能随时随地进

83

行，漱口就简单多了，可以在刷牙时进行，也可以在任何时候进行。因为饭后漱口可以将刚刚附着在牙齿表面尚未被细菌发酵的食物残渣冲掉，减少牙病发生的机会，所以有关专家提倡饭后漱口，临睡前必须漱口。并且着重指出吃甜食以后，更应及时漱口。同时漱口还能防口臭，使口腔清洁舒适。

至于漱口用什么水，当然最简单的就是白水。但是不同的民族还有各自的漱口习惯，像欧洲人喜欢用葡萄酒漱口，因为它可以防口臭。在我国古代，人们喜欢用茶水漱口，因为苦涩的茶水中含有分解某些有害物质的成分，此外茶水中还有少量的氟，像含氟牙膏一样可以起到促进牙体健康的作用，同时茶水又有清热解毒、化腐的功效。有时口腔或咽喉患有炎症，会引起红肿、疼痛，这时将淡茶水、苏打水或盐水含于口中，反复漱口，可以缩短恢复时间，对咽喉炎症的治疗有辅助作用。有时还可以用药物含漱，在历代医书中多推崇以清热解毒、芳香化湿类中药煎水漱口，所用药物有金银花、野菊花、蒲公英、佩兰、香薷、薄荷等，不仅能保持口腔清洁，还有香口去秽的作用。对已患牙病或口腔黏膜疾病的患者，还可选用三黄水或麦冬水饭后含漱，内服亦可。

那么怎样漱口才正确呢？我们可以看到有些人漱口就是在嘴里含一口水，摇一摇头晃一晃脑袋，借助头部的运动使漱口水在口腔里冲刷牙齿，这种冲刷作用是远远不够的。下面介绍一下正确的漱口方法：

将漱口水含在嘴里，后牙咬紧，利用唇颊部，也就是腮帮子的肌肉运动，使漱口水通过牙缝，这样才能达到漱口的作用。

在这里顺便提一下，刷牙时用的牙膏对人体是无害的，在刷牙时偶尔吞下去一点是没有关系的，但是如果长期吞食牙膏，特别是牙膏中含有的甜味剂，会对身体造成损害，医学上已经有长期吞食牙膏引起疾病的例子。而一般漱口水咽到肚子里是无碍健康的，对于没有刷牙习惯的孩子，漱口是一种极好的保健方法。

漱口能清除口腔中食物残渣和部分软垢，能减少一定数量的微生物，漱口的单位矩阵果与漱口用水量、含漱力量、漱坳次数有关，对于儿童要注意教导具体方法。漱口时将温水含在口内闭嘴，然后鼓动两颊及唇部，并适当用力，使漱口水能在口腔内充分地接触牙齿、牙龈和口腔各黏膜表面，利用水力反复冲击口腔各部位，使贮留在口腔各个角落的残渣、牙垢得到清除，口腔内的微生物也相应减少，每次进食后都应漱口。单纯漱口是不足以维持口腔清洁卫生，还须做到认真刷牙。

（二）刷牙

我们知道每次进餐后，在牙面和牙缝里会留下一些食物残渣，如不及时去除，细菌就会在上面生长繁殖，加上唾液的影响，还会使牙面上生长牙结石。残渣经细菌腐化后会产生难闻的口臭。刷牙就是为了及时地把牙齿表面的残渣、软垢等清除干净，减少口腔内细菌滋生繁殖的场所，减少造成牙结石的机会。

目前提倡的正确刷牙方法有以下几种：

竖刷法：就是将牙刷毛束尖端放在牙龈和牙冠交界处，顺着牙齿的方向稍微加压，刷上牙时向下刷，刷下牙时向上刷，牙的内外面和咬合面都要刷到。在同一部位要反复刷数次。这种方法可以有效消除菌斑及软垢，并能刺激牙龈，使牙龈外形保持正常。

颤动法：指的是刷牙时刷毛与牙齿成 45 度角，使牙刷毛的一部分进入牙龈与牙面之间的间隙，另一部分伸入牙缝内，来回做短距离的颤动。当刷咬合面时，刷毛应平放在牙面上，作前后短距离的颤动。每个部位可以刷 2～3 颗牙齿。将牙的内外侧面都刷干净。这种方法虽然也是横刷，但是由于是短距离的横刷，基本在原来的位置作水平颤动，同大幅度的横向刷牙相比，不会操作牙齿颈部，也不容易损伤到牙龈。

生理刷牙法：指的是牙刷毛顶端与牙面接触，然后向牙龈方向轻轻刷。这种方法如同食物经过牙龈一样起轻微刺激作用促进牙龈血液循环，有处于使牙周组织保持健康。

总之，刷牙要动作轻柔，不要用力过猛，但要反复多次。牙齿的每个面都要刷到，特别是最靠后的磨牙，一定要把牙刷伸入进去刷。如果将前面的几种方法结合起来应用，则效果会更好。每次刷完牙，如果不放心，还可以对着镜子看一看是否干净了，只有认真对待，才能保证刷牙的的效果。

刷牙除对保持口腔卫生和预防龋齿及一些牙周疾病有一定的作用外，还可以通过按摩牙龈，使牙龈的角化程度加强，增强牙周组织约抗病能力，阻止或减缓牙龈的萎缩。但是，如果刷牙的方法不当，也可以导致牙龈萎缩、牙根暴露、牙颈部发生磨损，给人增加痛苦。所以，既要养成每天刷牙的习惯，又要讲究和采用正确的刷牙方法，选择适当的刷牙工具，才能更好和有效地保持口腔的卫生。

第六节　鼻子清洁防疾病

刷牙、洗脸是人们日常生活中必不可少的卫生习惯，然而，鼻子的清洗往往会被人忽视，成为被遗忘的"角落"。鼻子最主要的功用是呼吸，鼻腔还是肺的"空调"和"过滤器"，它在防止病菌进入人体中起着举足轻重的作用。鼻腔通过 24 小时的不停呼吸，正常情况吸入的灰尘在 15 分钟内就被清除掉。但是，鼻腔在受污染、干燥的情况下，鼻纤毛的运动就会受到阻碍，在鼻腔黏膜和鼻纤毛上会沉积大量污垢和细菌，与鼻炎、鼻窦炎等炎症和过敏性疾病的诱发直接相关。据调查，在病毒性流感、鼻炎、咽炎、肺炎等呼吸系统感染疾病中，80％是患者忽视鼻腔清洁引起的。由此可见，鼻子的保健不容忽视。

鼻腔的最大问题是"脏"和"干"。脏是许多疾病的源头，所以应经常清洗鼻腔，日常养成像刷牙一样清洗鼻腔的好习惯。刷牙能够帮助改善驻牙、口腔异味，预防口腔疾病，洗（刷）鼻同样有帮助改善鼻咽炎，预防整个呼吸道疾病的功效。

那么如何保护自己的鼻子呢？现在给大家介绍几种小方法。

1. 给鼻子"洗洗澡"

在现代化大都市中，人不可避免地要与饱受灰尘、二氧化硫等污染的空气打交道。而空气中的污染物正不停地吞噬着鼻腔黏膜的健康。大气中的灰尘，在鼻腔内留下了太多污垢，在得不到有效清洗的情况下，粉刺、雀斑使鼻子变得面目全非。因此，要经常给鼻子"洗洗澡"。在此特别推荐冷水浴鼻，尤其是在早晨洗脸时，用冷水多洗几次鼻子，可改善鼻黏膜的血液循环，增强鼻子对天气变化的适应能力，预防感冒及各种呼吸道疾病。

2. 鼻外按摩

用左手或右手的拇指与食指，夹住鼻根两侧并用力向下拉，由上至下连拉 12 次。这样拉动鼻部，可促进鼻黏膜的血液循环，有利于正常分泌鼻黏液。

3. 鼻内按摩

将拇指和食指分别伸入左右鼻腔内，夹住鼻中隔软骨轻轻向下拉若干次。此法既可增加鼻黏膜的抗病能力，预防感冒和鼻炎，又能使鼻腔湿润，保持黏膜正常。在冬春季，能有效地减轻冷空气对肺部的刺激，减少咳嗽之类疾病的发生，增加耐寒能力，拉动鼻中隔软骨，还有利于防治萎缩性鼻炎。

4. "迎香"穴位按摩

以左右手的中指或食指点按"迎香"穴若干次。因为在"迎香"穴位有面部动、静脉及眶下动、静脉的分支，是面部神经和眼眶下神经的吻合处。按摩此穴即有助于改善局部血液循环，防治鼻病，还能防治面部神经麻痹症。

87

5. "印堂"穴按摩

用拇指和食指、中指的指腹点按"印堂"穴 12 次，也可用两手中指，一左一右交替按摩"印堂"穴。此法可增强鼻黏膜上皮细胞的增生能力，并能刺激嗅觉细胞，使嗅觉灵敏。还能预防感冒和呼吸道疾病。

6. 气功健鼻

《内功图说》中有三步锻炼健鼻功法，两手拇指擦热，指擦鼻关 36 次；然后静心意守，排除杂念，二目注视鼻端，默数呼吸次数 3～5 分钟。晚上睡觉前，俯卧于床上，暂去枕头，两膝部弯曲，两足心向上，用鼻深呼吸，吸气 4 次，呼气 4 次，最后恢复正常呼吸。

88

第三章　心理保健常识

第一节　青少年常见心理危机

一、不安的情绪

青春期少年对每种感受都很强烈。可能一下子觉得很无聊、一下子觉得很兴奋、一下子很沮丧、一下子又兴高采烈、一下子想独立、一下子又离不开等矛盾的感觉。

情绪高低起伏不定的原因是青春期少年正在经历着许多变化——身体的变化、转换学校、家庭及社会生活的变化。

有时候这些变化无常的情绪可能导致行为异常。科学家发现，少年的部分行为与性激素有关。虽然目前还无法证实性激素是元凶，但至少可以确定它与情绪起伏有关，尤其是在青春期早期，因为此时的少年正经历一些剧烈的改变。

有些强烈的情绪来自于首次体验某些重要事件，但并非全都像儿童节或过生日般有趣、值得纪念。举例来说，这些事情有可能使你渐渐了解父母并非如此完美，而他们也不总是能回答你的疑问（如果你因此对双亲幻想破灭，你就要想想过去你认为他们仍旧完美、通晓事物的时光。）。此外，你开始觉得比以前更欣赏、也更需要朋友，同时也会初次坠入爱河，而这当然会大大改变你的生活，不管这份感情是否能维持长久。

在这段情绪变化、经验增长的时期，你或许会发现自己有着强烈的爱憎，而且害怕各种新事物，包括你正在成长的事实。在欢庆自己成

89

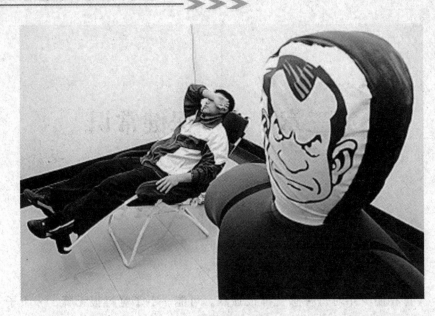

长、成熟的时刻，同时为过去单纯生活的逝去而忧伤，这种情形很常见，成长的过程中有失落——童年的纯真与安全感的失落、甚至是完成一个梦想后的失落感。但相对地，我们也从中获得了许多——独立的满足感、与家人及父母感情的新发现、达到目标时的喜悦，以及继续寻找新的梦想来取代已完成的发现，这些都会填补心中的失落感。

二、非常的感觉

青春期的少年身体成长变化快，心理变化更快，有时觉得自己也不认识自己，对父母的看法也相对儿童时期有很大的改变，特别是对父母离异后重新组织的家庭，更有一种说不清道不明的特殊感觉。

了解你对自己看法，以及知道你想改变哪些地方，都是发现自我这趟旅程中非常重要的一站。尽管你可能与一两位家人在身体或个性上有些相似，但世界上绝对没有一个人与你拥有所有相同的特质。就算你是个双胞胎，你们在个性及某些人生经验上一定也有所不同。你的遗传基因、你如何发展或忽略自己的专长、你的选择、你从家人及朋友处得到何种价值观、拒绝了哪些价值观……这些都共同形成了独特的个体，而这个组合绝大部分是你自己选择的。

你该如何培养"我是怎样的一个人"这个观念？

1. 采取主动，而非反抗。对自己的行为做出主动的选择，而不用担心这个观点父母是否同意。一旦你有强烈的自我意识，能在许多事情上同意父母的看法，就不会觉得自己的独立受到威胁。

2. 观察自我，了解自己。看看你每天说的话、做的事。问自己一些问题，例如：

（1）我希望生活中发生哪些事？（而我该怎么做，才能使这些事情发生？）

（2）我真正为某件事感到兴奋是在多久以前？什么事会（或可能会）使我对生活感到兴奋？

（3）每晚睡觉前，我会想到哪些事？

（4）如果可以自由选择，我会如何打发时间？（如果把时间都花在一些消极的事物上，例如看电视，可能会觉得目前的生活不太刺激，我可以让自己更积极。）

3. 写下自己的优缺点，但不要因为缺点而自卑。随着自我意识的成长，你不仅更了解自己的能力，也更知道自己的极限。认识自己的极限，尤其是第一次，可能让人很震惊。多数人对朋友的短处包容力较强，对自己却十分严格。了解自己的长处与短处，让你对人生方向更明确，固然很重要，但避免自我设限与自恃不凡也同等重要。举例来说，你可能对自己的演戏与歌唱天分很自豪，却没有认识到努力、信心与毅力也是建立演艺事业不可缺少的因素。你不是仰赖天赐的才能，静静地坐在一旁等着被发掘；或你梦想着当上新闻记者，但却害羞得连在班上发言也不敢。你要有个选择，你可以决定选择一个较适合目前个性的职业，或者为了长远的目标，努力克服害羞（这可以做得到）。有些短处可以弥补，有些则不能。假如你是个音盲，连曲子都哼不好，就不太可能成为知名歌手。但是这些缺陷并不会减损你生命的价值，或是使生命无趣、没有存在的理由。你可能因为陷在自我厌恶的泥沼中，而忽略了许多没有被发掘的天分与才能。

你曾经做过这些事吗？

1. 因数犯了某些错而贬损自己。错误是学习的过程，面非悲惨的

91

瑕疵。如果你犯了个错，不要骂自己笨，问"我能从中学到什么"。

2. 让缺陷成为你与别人的屏障。若你太害怕被拒绝，不敢向别人大声打招呼或是伸出友谊的手，生活将变得很无聊。如果自己的不完美使你退缩、隔绝与别人接触，别忘了，你也是个凡人，你视为缺点的部分在别人眼中或许被觉得很可爱。想想看，我们之所以喜爱我们的朋友，就是因为他们有个性的特质。既然这样又何必因为自己只是个凡人而贬低自我呢？这不公平，放自己一码吧！不要剥夺了别人认识真正的你的权力。

3. 假定别人像自己一样，对你的缺点了如指掌、严格批评。首先，每个人都忙着关心自己的事，不会多花时间去注意你哪里对劲或不对劲。在了解彼此之前，多数人对其他人都十分冷淡。如果别人不喜欢你或是忽略你，可能是因为你本身的行为表现让人不会注意到你，而你可以立刻开始改变这些行为，例如注视对方、亲切地与人打招呼、对他们所做的事或是他们的感受表现出兴趣。你或许就会感觉别人对待你的方式改变了。

如果你对外表的某个部分感到难为情，而且你确定别人讨厌你是因为你太胖、长青春痘、发型很丑，或是其他部分与众不同。要记住：在真实的世界里，人们欣赏的特质范围很广——活泼、友善、仁慈、幽默、自信、优雅（任何体型都可以优雅）、和你在一起很自在等等，这些都有助于建立正面的自我形象。而接受自我就可以让自己更有吸引力。

4. 认定如果自己不是第一，就什么也不是。这个观念是错误的！想要享受生活，你不用每件事都必须拿第一，甚至连一件事也不用。就算你不是最在行的，还是可以参加活动、培养兴趣、从事专业的职业，并乐在其中。你不是伟大的作家也能写出有见解的文章；你不是著名的音乐家也能热爱、享受音乐；你不必加入游泳队也能尽情游泳。要将焦点摆在可以为生命带来乐趣的事物上，并且去做，不管你在不在行。

5. 心存偏见。研究显示，对特定人种、种族、宗教或社会群有偏见的人通常自尊较低，因而容易贬低别人，以凸显自我。这种做法是不对的，你不能将自尊建立在仇恨、排挤和蔑视上。这些丑恶的偏见会让你永远无法喜欢自己。正面的自我形象衍生于同情、接纳、关爱、开放，以及从不同的人身上学习。

6. 辱骂自己。你会用"笨"、"蠢"、"怪胎"、"又胖又丑"或更难听的话来辱骂自己吗？当你发现自己犯错或能力不足时，不要再这样折磨自己了。避免说这些难听的话，就能避免随之而来的痛苦。对待自己要像对待一个处于相同情境下的好朋友。

7. 当个完美主义者。如果你不断要求完美，就是在自找麻烦。有目标及梦想是件好事，但是你也要了解，即使自己不那么完美，自我的价值也不会有丝毫减损。人都会犯错，也都曾说过后悔的话。不完美正是人生的一部分，而你不一定要用完美、奖项或是伟大的成就来证明自我存在的价值。你不仅要拥抱你的智慧与才华，更要接受缺陷。所有的特质组合起来才是独一无二的你。当然，这并不表示你可以重蹈覆辙或是恶意批评别人。你可以试着改变部分的行为。人都会不断进步与成长，而最重要的成长就是爱自己、接受自己。

调查显示，今日的少年虽然比前几代的少年更加敬爱双亲，但有时还是难免对父母产生错综复杂的感觉：你可能有时爱他们，有时恨他们；有时想独立，有时又需要父母；努力想建立自己的价值观，但又常常受父母影响，最后你可能下结论，认为成长就是拒绝父母的价值观，以示独立。

虽然反叛无可避免，但冲突却是你在成长过程中时常会发生的情况，因为你与父母都同时在经历改变。体会了五味杂陈的感觉，对你会有帮助，而且彼此的尊敬也能改善情况。例如，你可以尊重、倾听父母的意见，但不一定要同意。此外，父母与你看法不同并不代表他们不公平，只是表示不同的人会有不同的看法罢了。长大独立真正的含意，是接受了解每个人都是不同的个体。

一旦你认识到这一点，你就能做自己的主人，即使你住在父母的屋檐下、遵守父母的规定。关键在于如何发展自己的观点，而这与你的父母的观点无关。当你有这样的领悟后，有时你会更加自然地同意他们的意见、传承他们的想法。这不会让你变成依赖父母的小孩子，只会让你成为懂得如何选择的新一代。你的价值观或选择与别人相同，并不表示

93

那就不属于你的价值观或选择。

当你可以自由选择价值观后，就会更加自由地在家人面前传达正面的感受，不管你同不同意其他人的意见。你的自我意识越强，对父母的爱就越多。这通常发生在青少年身上，因为经过几年的历练后，你已经开始将每个人视为独立的个体了。

良好的沟通基于将每个人视为独立的个体。理想情况下，父母会听取你的话、关心你的感受。而倾听父母的话、关心你父母的感受，你可以更加了解、接受对方。就算两方意见大不相同、生活也毫不相干，你仍旧可以深爱对方。

父母离婚或正要离婚时，孩子常常希望时间能够倒转、重回以前的生活，因为父母离婚后，孩子的生活以及他们父母的新伴侣都变得复杂许多。但人与人的关系就像时间一般，无法倒转，即使离婚后的双亲复合，两人的关系也会有所改变，对大多数家庭来说，这意味着必须适应许多变化——单亲家庭、父或母再婚的家庭，有时家庭中还会有同父（母）异母（父）的弟妹，或是继父（母）的孩子。

你也许会发现自己为两个深爱的人所恼，尤其是在学习独立的时候，你正需要他们一起支持你、给你安全感；也许你会觉得将来的责任好重，因为你的父母或继父母可能认为你有能力照顾、关爱自己及其他的兄弟姐妹，而你却认为自己无力承担；也许你会觉得家庭变化太大、太怪、太陌生、太复杂，根本不可能有爱与和谐；也许你会为家庭的分裂而悲痛，同时也对父母生气，因为他们看来似乎没那么难过。你必须了解，虽然对许多夫妻来说，走过风风雨雨、做出最后离婚的决定固然悲伤，但是对某些人而言，这反而是解脱及新开始。不过，对你或许是个震撼，而你就是受伤最深的人。疗伤是治愈失落感很重要的一部分，如此你才能继续你的人生。人们表达悲伤的方法有很多，有的比较显于外，有的比较隐藏于内。不管如何，这个疗法与挥别过去的过程都不可缺少。

要谨记：各种情况下，你都可以建造一个充满爱的家庭，虽然也可能是造成伤害的家庭。每个成员都必须付出时间与努力。与父母谈一谈心中的感受，说说你喜欢、不喜欢什么事，这或许对你的成长有好处。

94

举例来说，假如没有监护权的一方希望你每个周末都与他（她）共度，如果你拒绝，他（她）就会受伤害，那么你不妨向他（她）解释，你也需要与朋友相聚，享受社交生活，这并不表示你不想与他（她）相处。你们可以一起讨论解决之道，或许你的朋友可以参加你与家人的活动，也或许你可以在周末的其中一天或是隔周末与父母相聚，而选择周一到周五的某天一起吃个晚餐，或是做些两方都喜欢做的事。

如果你的父母从未单独与你相聚（例如总是有朋友在场），你要让父母知道你多希望与他（她）单独相处。要用正面的方法与口吻，而非像"为什么他们每次都一起来？"的抱怨与不悦的态度。有些父母以为你这个年纪的孩子，不再那么需要与你单独谈话了，但事实上，此时的你可能比以前更需要。而有些父母专注于自己的新恋情，热切希望你能认识、接受对方，忽略了你也需要与父母独处的时光。在此情况下，你得决定要不要告诉父母你心中的感受。

要接受父亲或母亲的生活中突然出现的人，过程很复杂。你可能还在为父母离婚而悲伤，对喜欢父母的新伴侣有反感，嫉妒那个新伴侣在父母生活里的地位。例如继父一进家中就开始对你下命令，或是继母因为你不喊她一声"妈"就觉得受委屈。你不妨与父母聊聊，告诉他们你需要时间来适应，你也可以向父母要求以自己的步调来接受家庭新成员，发展你与他（她）的关系。

如果新的家庭里还包含了继父或继母的孩子，你必须了解，要真正与他们发展到"家人"的感情，通常得花时间——有时甚至得花上几年。此时的你可能会觉得备受新的责任与期望的压迫。

如果压在身上的责任让你喘不过气，或是自己的需求被忽略了，就必须告诉父母，但不要指责，而要试着妥协。例如，假如你每个下午及周末都得照顾兄弟姐妹，或许你可以向父母要求一两个下午，以及至少周末的一个晚上为你的自由时间。假如你的双亲拥有共同监护权，而你必须时常两地轮流住、浪费许多时间在路途上，你们可以讨论出一个对你较方便的方法。例如，本来你每星期轮流与父亲或母亲住，不妨改成一个月轮一次，让你比较有安定感。

妥协与良好的沟通有助手适应家庭的变化。不管你的家庭如何，单

95

亲家庭或父母再婚，只要你愿意付出爱与时间，都会成为家庭的一分子。只要你保持开放的心胸，就能拥有互敬、合作、和谐、快乐的家庭气氛。

三、爱情的迷惑

青春期对爱情充满了渴望和向往，然而这时候的爱情很难说是成熟的爱情，失恋后又该怎么办呢？

我们不可能为爱的能力设定年龄限制。人们一生中爱人的方式有很多，对象及情况也会有所不同。真诚而深挚的感情没有年龄限制，然而，爱的特性却会依人的感情成熟度及对自我的感受而变化，而非你的生理年龄。

年纪较大的人往往很不公平地将少年的爱情视为"一时的迷惑"。有些较早熟的人有能力谈成熟的恋爱，而有些年龄较长的人感情反而不见得成熟。真正的爱情与一时迷惑有何差别？成熟与不成熟的爱情又有何不同？

一时迷惑指的是沉迷于天真无邪恋爱的感觉。因此，与真正的爱人间为对方付出相比，谈恋爱的"感觉"更为重要。这种事可能发生在任何情感不成熟的人身上。假如爱情淹没了你的生活，让你不时想着对方，无法正常生活，那么你可能就是被迷惑了。如果你觉得需要紧贴着对方，否则没有安全感，或只关心自己能得到什么而非付出什么，你可能也是被迷惑了。不成熟的人往往爱上一个理想的幻想，而不是真正的对象。结果当对方达不到你的标准时，幻想也就破灭了。

成熟的爱情是什么样呢？

1. 成熟的爱情是接受。你知道彼此是独立的个体，给予自己足够的空间，不因为与对方不同而感到压力。你接受彼此的样子，也原谅对方没有达到你的要求的部分，不要批评或责骂彼此。

2. 成熟的爱情应该让你充满活力。这意味着，你有更多的心力可以付出在生活各方面——学业、友谊、亲情、兴趣及爱情。这些方面都会因为美好的感觉而提升，而不是因为爱情而变得不重要或被淹没。

3. 成熟的爱情包含快乐、容忍与痛苦。你们可以很坚强，也可以信任对方，在彼此面前表现脆弱；你们一起欢笑，也一起流泪；你们能够携手走过艰难的时期，了解真爱不是只有共享美好的时光，还必须有过感情中难过、寂寞、艰苦的体验。

4. 成熟的爱情不只是肉体的吸引，你们更是永远的好朋友。你们在聊天、畅享心情时，对待彼此有如亲友，不让过去对老旧爱情的期望成为两人间的障碍。

5. 成熟的爱情会随着时间的推移而更美好。你能了解，随着自己成长为个体，两人成为一对伴侣，感情会更为提升。所心，真爱需要时间的培养与成长，也值得努力与等待。

6. 成熟的爱情不是立即的满足感，亦非自我的否认。你能自觉像独立的个体。虽然体会到对方是个极好的人，但你自己也很特别。你能有足够的安全感，就算万一两人感情不在了，你也能好好活着。

失恋的震撼与忧伤情况发生时，你该怎么办呢？

也许最健康的处理方式就是容许自己感觉痛苦、悲伤，然后挣脱而出。不要压抑，应该尽情发怒、吼叫、哭泣。将心情写在日记里，让心中的愤怒与忧伤以不具毁灭性的方式发泄出来。

伴随原谅而来的自由也能为生活带来欢笑，不只是有能力再次恋爱，还有重新找回自我，以及了解自己已在失恋中成长。如此你便能回味过去那段感情的美好，慢慢释放心中的苦痛。

即使在多年心后，当广播中传来一首熟悉的歌，当你闻到似曾相识的香水，或是看到一幅以前女朋友喜爱的图画，心中还会有一丝丝忧伤与渴望。但是，只要你已成长，你会发现忧伤中掺杂着喜悦——你没有被失恋打败的喜悦，还有你知道自己有能力、也有机会再爱一次。

97

四、愤怒与害羞

处于青春期的少年容易愤怒，也很害羞，这些都是不成熟的心理因素所造成的。

压抑的怒气可能以许多奇怪的方式发泄出来，例如，你可能因为别人稍微烦到你就大动肝火，或是对无辜的人动怒；你可能养成不好的习惯，例如胡乱骑车、冒险、大吃大喝；你也可能感到忧郁。许多心理学家都相信忧郁多从压抑愤怒中来。此外，压抑的怒气可能通过生理症状表达出来，如胃痛或头痛。

发泄怒气也有风险，尤其是青少年，很容易引发暴力。打架使生命受到威胁，而且帮派到处都有，不管是都市的学校、乡下的学校、还是市郊的学校都一样，现今的社会里，不管你多生气，叫别人"滚开"，即使跟他打一架都已经不再安全了。

那么，你该怎么发泄这些负面感觉，又不会把情况弄得更糟呢？

诉说心中的感受，而不要攻击惹你生气的人。不管是同学嘲弄你，或是父母的意与你相左，这个方法都可以避免许多危险情况。说"你的话让我很生气"，总比说"你这个混蛋"、"你每次都这么说"、"你根本不了解我"来得好。

如果无法直接表达感受，就寻求用建设性的方法来处理怒气。为了保护你在学校的安全，最好是无视那些伤人的嘲讽。如果父母说："我说不行就不行！我不想再谈这件事了！"此时的你无法直接表达愤怒，那能怎么办呢？你可以用安全的方式泄愤，以下是我们的建议：

1. 动一动！运动对释放怒气很有效，你可以打网球或是其他需要击球的运动，你也可以跑步跑到筋疲力尽为止。

2. 长距离散步，踏掉积压的愤怒，顺便欣赏沿途的美丽风景或有趣事物。

3. 捶打枕头、将头埋在枕头中嘶吼，释放掉愤怒的能量。

4. 写一封信，说出感受，然后撕掉信。

5. 做些很费力的事，例如清扫厕所、擦地板、整理花园或除草。以摆脱怒气，同时又做了有用的事！

6. 哭吧！哭泣是很好的疗伤方式。

7. 对愿意倾听你说话（又能保守秘密）的人诉说心中感觉，让他帮你恢复情绪。要记住：别让怒气累积到顶点，否则可能导致忧郁或是生理病状。排除怒气才有空间迎接欢笑。

"害羞"有很多情况，有的人社交圈很少，不敢和不熟的人谈话；有些人中对异性害羞；有的人在一般社交情况还正常，但一遇到要对公众发言就脚软。

为什么会害羞呢？有些学者认为这可能就像身高、肤色一样，和遗传有关；也有些专家认为这是受童年经历的影响。

如何克服害羞？

1. 试着用不同的眼光看待冒险。也许一直担心说错话，会使你舌头打结。但每个人都有犯错、说错话或是遭到拒绝的经历。这只是人生的一部分，也是重要的经历。视犯错为学习过程，有助于减轻担忧。也别忘了，一开始不一定都要做大冒险，你可以慢慢来，先从较小的事开始，逐渐向让你最害怕的大目标迈进。

2. 从别人谈话中找寻发言的机会。你不一定非得聪明绝顶、妙趣横生才能与别人聊得开心。你可以倾听、发问、微笑、提出建议，这些都是参与交谈的方式。如果你能排除恐惧，对别人的谈话投入兴趣，可能会得到意想不到的惊喜！

3. 设定目标与达到期限。例如，在这个星期内与五个人说声"嗨"。从小地方开始做起，可以增加与人接触的机会，也可以逐步建立自信心。

别指望你一改变，世界就会跟着改变。别人需要时间度过冷淡期、引起想认识你的兴趣。你也需要时间来认识别人、与别人熟识。不要在自己或别人身上添加过多的压力与期望。不管别人一开始怎么对待你，你仍应保持友善，渐渐地情况就会改观。要对自己和别人有耐心，不要一开始看不到效果就轻言放弃。

4. 接受自己是个正常而特别的人。你偶尔也会犯错，不过会从中吸取经验。而好的结果是，你会感受到与别人相处的乐趣，发现接触并没那么可怕。理解这一点就能带给自己力量，掌握自己的人生。

99

五、无聊与压力

"为赋新辞强说愁"是青春少年无聊与压抑情绪的写照。

无聊往往和忧郁有关，无聊的原因有很多，例如：因缺乏信心与动力而不想参与生活；因梦想看起来太遥远而感到害怕与失望；生活环境平淡而无法为自己制造乐趣。

如果老是觉得无聊，该怎么办呢？

1. 找出自己无聊的原因。这种情况维持多久了？从何时开始的？原因是什么？心中没表达出来的感觉是什么？你有哪些遥远的目标与梦想？

2. 如果你感到无聊，可能是因为你本人缺少兴趣。心理学家、作家杨晓阳博士常这么告诉少年。他还列举出五项少年常做的无聊事：把自己累得半死、跟朋友说自己有多堕落、告诉别人自己很好色、向别人吹牛大家都知道你根本没做过的事、一天看超过一个半小时的电视。只要停止做这些无聊事，你就慢慢远离无聊！

3. 计划未来，也别忘了活在当下。计划光明、璀璨的前途也许可以对抗无聊，但如果把这当成刺激的主要来源，就会使当时的生活更显无趣。想一些较为开心的事，然后就起身而行！例如当义工、陪伴寂寞的人、打工、读些新奇而具挑战性的东西，总之，不断想出增添几许乐趣的事，用行动打破无聊的恶性循环。

4. 每天学习一种新事物。每天学一点，能帮助你与世界保持联系。例如一个词汇、一个事件或一项技能。保持开朗的心胸，接纳新的经验、新的人以及别人对世界不同的观点与看法。好奇心、喜乐与多样化会使成长的过程更加丰富、更有品质。

5. 列出生命中喜爱的事物。光是列出喜爱的事物就能赶走许多无聊了。如果你现在什么都想不出来，不妨回想过去的喜好，这些喜好如果你现在去做，依旧会很有趣。你越去回想生命中的所爱，越能找回那些乐趣，也越能体会活着的喜悦。

当你不感到无聊时，也许是危害心理的另一种危机——压力在侵扰你。

迈入青春期带来的许多压力，可能是来自父母的期望，也可能是来自老师及同学的压力。不过，最大的压力往往是内在的。

例如变化所带来的压力、心中对父母又爱又恨的矛盾、必须与喜爱的同学竞争、试着成为独立个体、同时又想融入群体。

你努力探索"我是什么样的人"，还要做出可能影响将来的重大决定。此时，你也更清晰地看出自己的极限与发展的可能性。

有时生命看来仿佛暂时停止了，唯一能做的似乎就是等待所希望的事发生。你渴望独立，却又有点害怕，而且在许多事情上仍然依赖父母。而父母可能也很难理解，想独立只是成长的一部分，而非排斥他们。有时会觉得对你的要求排山倒海而来——父母与老师要你拿好成绩，进入名牌大学；朋友要你随时做伴；父母要你分担家庭责任；还有，自己希望成为期望中的自我。

觉得快被压垮时，该怎么办？

1. 培养自觉性。写一本压力日记，记录自己何时感到压力、是什么事促成的？要记录得十分详细。哪些事可以改变、哪些不能？

可以写下需做事情的优先顺序，这会有助于缓解压力。将焦点放在目前可以处理、改变的事情上，也可以减少无助感。没有比无法处理的事情更恼人了。你必须专心于有能力处理的事，相信自己可以做出改变。你有许多方法，这些方法确实能够调整自己的生活！

2. 制订切合实际的目标。审视你的目标，问自己两个问题：

（1）我可能完成吗？有能力完成吗？

（2）我"真的"想做这件事吗？

例如，假设你很讨厌数学，这个科目的成绩一向很糟，理工学院对你来说可能就不是切合实际的目标。再举个例子，如果你想当个受欢迎的人物，就要知道，你不可能让每个人都喜欢你。即使你做到了，可能会发现你已放弃了部分的自己，像某些个性、个人的喜好，以便符合别人的期望——这可能让你压力倍增。

3. 制订实际目标的另一个诀窍是从小目标开始，一次接受一个挑战。如果你总是喜欢同时面临许多挑战，可能会淹没于焦虑与挫折之中。一个一个来，问题就容易迎刃而解，目标也容易达到。

4. 展望未来。你在压力下可能常说出：要是我不通过这个考试，我就"毁了"这类的话。"毁了"代表什么呢？可能是不适、不便、尴尬、心慌，但它不表示世界末日，也不是生命的句号。世界上充满了快乐、成功的人，他们不见得读了重点大学，但是在第二、第三志愿的大学里，他们也受到了良好的教育。扪心自问：即使你担心的事真的发生了，那对今后生命的影响又有多大呢？担心的事没有发生也许会减少眼前的压力与痛苦，或许会让你感觉好一些。但不管发生什么事，你都要安然度过。

第二节　如何保持心理健康

从出生到成年，每个人都有成长的天赋。如果一个人的心理（包括智力、技能、气质和性格特质等）成长滞后于他的发展年龄，那便是异常甚至精神障碍。家庭教养和各种环境条件往往是成长受阻的原因。早熟也可以是一种心理卫生问题，因为早熟照例只涉及一个人的某一个或几个方面，这就导致整个心理内在的失衡，导致当事人出现心理冲突、困惑或社会适应困难等。

可以从两方面来描述心理健康的这项标准：

1. 动机过程马斯洛假设，每个人都有若干种基本需要，如安全、归属、爱、被重视和自尊，满足这些需要的动机叫做缺乏性动机，不满足便会出现精神障碍，如神经症、人格障碍、分离性障碍等。但是，满足了这些需要虽可免于上述精神障碍，却并不算达到了真正的心理健康。心理健康的特征之一是自我实现，即最大可能地实现个人的潜力。这种需要是高层次的需要，

102

也叫做丰富性需要。此时，单纯追求快乐和减轻紧张不安，不足以解释这种人的行为，他们辛勤地工作，往往要体验更强烈持久的紧张，甚至要冒巨大的危险。然而，正是这样的人生历程，使个人潜能得到了充分的发挥。

G. Allport 也持类似的观点，他认为，个人潜能的发挥为了长远的常常是达不到的目标，而牺牲享乐，保持紧张。长远的目标、社会价值以及诸多利益之综合性体系等，都给发挥个人潜力提供了用武之地。

2. 投身于生活中，G. Allport 提到，自我的扩张是成熟的一个属性，这种人忘我地工作、思考、娱乐以及对别人的忠诚，他的生活是丰富多彩而又独特的。全身心投入生活的人，对来自别人的刺激（不论是成功的行为还是苦难中的呼救）都有能力报之以热情的、全力以赴的反应。

健康不但是没有身体疾病，还要有完整的生理、心理状态和社会适应力。具体而言，包括以下几方面：

心情愉快。情绪不佳，会降低人体免疫力，易诱发许多疾病。因此，要心胸开朗，保持良好的心理状态。

合理用脑。常读书看报，勤思考，不但会解除烦恼，还可使脑力活动旺盛，推迟脑细胞的退化。

正确对待疾病。定期检查身体，如发现患有某种疾病，应及时治疗，切勿紧张、疑虑，更不要恐惧、悲观、失望。

家庭和睦。少固执己见，多尊重对方，不要唠叨没完，家庭气氛和谐，关系融洽，生活才会幸福美满，从而促使心理健康。

开拓兴趣。要培养兴趣，要有爱好，特别是离退休在家的人，无所事事，可以绘画，书法，音乐，下棋等。

合理饮食。多吃五谷杂粮和蔬菜、水果，少吃油腻和食盐，充足睡眠。一旦疲劳过度，生理机能就恢复较慢，应适当增加睡眠时间。

与人交往。保持正常的人际关系，宽容友善、助人为乐。

常见的一些保持心理健康的方法有：

1. 豁达法：应有宽阔的心胸，豁达大度，遇事从不斤斤计较。平时做到性格开朗、合群、坦诚、少私心、知足常乐、笑口常开，这样就

103

很少会有愁闷烦恼。

2. 松弛法：具体做法是：被人激怒后或十分烦恼时，迅速离开现场，做深呼吸运动，并配合肌肉的松弛训练，甚至可做气功放松训练，以意导气，逐渐入境，使全身放松，摒除脑海中的一切杂念。

3. 节怒法：主要靠高度的理智来克制怒气暴发，可在心中默默背诵名言"忍得一肚之气，能解百愁之忧"、"将相和、万事休"、"君子动口不动手"等等。万一节制不住怒气，则应迅速脱离现场，在亲人面前宣泄一番，倾诉不平后尽快地将心静下来。

4. 平心法：尽量做到"恬淡虚无"、"清心寡欲"，不为名利、金钱、权势、色情所困扰，看轻身外之物，同时又培养自己广泛的兴趣爱好，陶冶情操，充实和丰富自己的精神生活。

5. 自脱法：经常参加一些有益于身心健康的社交活动和文体活动，广交朋友，促膝谈心，交流情感。也可根据个人的兴趣爱好，来培养生活的乐趣。做到劳逸结合，在工作学习之余，应常到公园游玩或赴郊外散步，欣赏乡野风光，体验大自然美景。

6. 心闲法：通过闲心、闲意、亲情等意境，来消除身心疲劳，克服心理障碍。

心理是否健康事关我们的人生幸福与事业发展，那么怎样才能保持健康的心理呢？这自然是广大青少年朋友所关心的。要想避免心灵苦恼，保持心理健康，我们需要努力做到以下几点：

全面正确地了解自己，正视自己。俗话说："人贵有自知之明"，而事实上，并不是每个人都能真正做到自知的，常常是当局者迷。不少朋友对自己的优点、缺点、兴趣、气质、性格缺乏准确的了解。因而有的不自量力，想入非非；有的过分自卑怯懦、丧失信心。这就需要我们对自己做出恰如其分的、客观的估价，既不狂妄也不妄自菲薄。对自己存在的不足与缺陷，要勇于承认，并努力弥补。防止过高或过低地错估自己。正视现实，一切从实际出发。我们所面对的现实是不以人的主观意志为转移的。不宜从自己的喜怒哀乐出发去看待社会。如果逃避现实，终日沉溺在空想和白日梦之中，就容易产生困扰、冲突和挫折，增强心理承受。这是指面对挫折，能够驾驭，保持心理的正常状态。当然，适量的挫折可以锻炼人的意志。这里的心理承受力是指在遇到不顺心的事，遭受较大挫折时，可以制止、避免行为失常的能力，也就是说一个人可以经受住来自环境的各种打击，从而更好地适应环境的能力。有些人耐挫折力不强，心理承受力太差，一遇到刺激和打击，就很容易造成心理苦恼，感到无法接受。如有些人自幼娇生惯养，受到过分保护，有求即应，一帆风顺，以致挫折经验不足。以后在生活中一遇到"风风雨雨"和"磕磕碰碰"，就表现出逃避或抗拒、攻击等反常行为，这就难以适应社会。因此，我们青少年应有意识地去经风雨、见世面。可以有意给自己出些难题，再自己去设法克服解决，从而积累战胜挫折的经验。

掌握保持心理健康的艺术。著名心理健康专家乔治·斯蒂芬森博士总结出十一条保持心理健康的方法，可供朋友们参考：

1. 当苦恼时，找你所信任的、谈得来的、同时头脑也较冷静的知心朋友倾心交谈，将心中的忧闷及时发泄出来，以免积压成疾。

2. 遇到较大的刺激，或遭到挫折、失败而陷入自我烦闷状态时，最好暂时离开你所面临的情境，转移一下注意力，暂时回避以便恢复心理上的平静，将心灵上的创伤填平。

3. 当情感遭到激烈震荡时，宜将情感转移到其他活动上去，忘我地去干一件你喜欢干的事，如写字、打球等，从而将你心中的苦闷、烦恼、愤怒、忧愁、焦虑等情感转移、替换掉。

4. 对人谦让，自我表现要适度，有时要学会当配角和后台工作人员。

5. 多替别人着想，多做好事，可使你心安理得，心满意足。

6. 做一件事要善始善终。当面临很多难题时，宜从最容易解决的问题入手，逐个解决，以便信心十足地完成自己的任务。

7. 性格急躁的人不要做力不从心的事，并避免超乎常态的行为，以免紧张、焦躁，心理压力过大。

8. 对别人要宽宏大量，不强求别人一定都按你的想法去办事，能原谅别人的过错，给别人改过的机会。

9. 保持人际关系的和谐。

105

10. 自己多动手，破除依赖心理，不要老是停留在观望阶段。

11. 制订一份既能使你愉快，又切实可行的休养身心的计划，给自己以盼头。

第三节　青春期的品质与素质的培养

一、不负责任

青少年时期的不负责任只是一种暂时的现象，不必大惊小怪，但也不能放任自流。关键在于引导。

想想看，黄昏时，你拖着疲倦的身躯回家，孩子告诉你，上个星期才买的新自行车弄丢了，因为忘了锁；你闷不吭气地走进厨房，发现水槽里丢满了果皮和纸屑、脏盘子；踏出厨房走向客厅，你一脚踩到丢在地上的书包；你在客厅里发现一张学校的通知单，老师说他的作业常常没有做完。你心中的气不由得往上升，还没有发作，你冲到孩子的卧室打开房门，一阵衣服的臭酸味扑鼻而来。房间里满地是空汽水瓶，衣服丢得到处都是，穿着邋遢、一脸天真的孩子正冲着你笑："嗨！老爸，有什么事吗？"

父母越来越普遍地抱怨孩子在家里不负责任，这种不负责的行为实在令父母生气，也是造成父母和孩子之间不愉快的原因。

当然，父母最大的关切并不在于孩子的邋遢和漫不经心，或者是孩子一再保证勤奋学习的承诺。父母担心的是这种不负责任的态度会成为习惯，以致孩子长大成人之后，变成一个散漫、无所事事的人。

父母之所以关心孩子的不负责任，是为了孩子的未来。对许多父母来说，外表的邋遢实际反映了精神的邋遢。父母害怕孩子永远长不大，永远无法面对生活的责任。

有趣的是，我们发现离孩子上大学的阶段越近，父母对责任感的要求便越苛刻。理由很明显，十六七岁的孩子通常已开始准备考大学，父母自然期望他们不管在学识上或是进入社会奠定好基础。孩子们将来是否能独立生活，就看少年期间是否能培养良好的责任感，因此父母难免

106

在这节骨眼上过分紧张，而紧张的结果反而于事无补。

少年的需要、态度以及兴趣，不但变化无常，而且也十分戏剧化。许多不可思议的行为，我们不能只从外表去观察，少年的内心也非常迷惑。总之，在这种情况下，他们对父母所谓的"责任感"根本不发一任何兴趣。以前都能自己收拾房间的孩子，现在有了新的、更重要的心事要想。对他来说，长着酒窝的姑娘真叫人动心；有一场热门音乐会不能错过；班上舞会也要开始筹备了。以上这些新的"责任"对少年来说，都比把房门整理干净更重要。

少年在父母眼中那些不负责任、丢三落四的行为，都是他们在处理了更急迫的责任之后的"后遗症"。少年常常会突然之间进入一个兴奋的、精力充沛的、混乱的、甚至令人惊异的世界。他们往往把父母要他们爱整洁和用功读书的期望解释为"虚伪的人生观"。

至于对未来的关心，少年和父母的心情是一样的。只不过个人对"未来"的看法角度不同而已。

未来绝对是真实的，但是时间却被少年压缩了，未来变成是下个星期，也许只是明天，或者甚至是十分钟以后。对他们来说，父母的未来，根本就是另外一个星球的时间。

责任感多半与成人联想在一起，对少年来说，做了有责任感的孩子，就是要像老爸老妈心目中的"乖"孩子一样顺从、有礼貌、有出息，难怪少年在进入成年之前，禁不住想要"坏"它一下。

有些家庭的父母在孩子小的时候，从来不教他们负任何责任，突然间等孩子长到少年时，便开始要求责任感，这样的孩子通常处于少年期进入到有责任感的成年期之间，比其他的孩子更难适应这种改变。

说来也许令人难以相信，少年轻微程度的不负责任从许多方面来说是健康的。通常被认为是"好"的孩子，差不多都是父母镜子里的影像，心理学家已经证实不管多乖的孩子，迟早都要叛逆父母，以发展出他自己的个性来。有时候"太乖"的孩子反而在日后会产生问题，一般轻微的不负责任，表现为不至于对父母事事言听计从，在发展自我方面，这样是正确的。

尽管轻微的不负责任是少年的正常行为，然而做父母的还是要想办法给予适当的指导才行，毕竟升学、就业、结婚、生子等人生大事将来都要孩子们严肃地面对。

专家们发现，许多不负责任的少年的产生，都是由于父母不允许他们负责任所产生的后果。父母过度保护，永远把孩子当小孩看待，反而阻止了他们学习对自己的行为负责。

举一个例子来说，如果孩子忘了倒自己房间的垃圾，而父母也不厌其烦地每天提醒，孩子于是知道父母反正会替他考虑，他乐得不把这件事放在心上。而如果父母采取不闻不问的态度，让孩子房间里的垃圾堆积如山，臭气熏天，一个再不负责任的孩子，到了某个程度也会采取行动，自己清理。孩子所学到的是，如果他清理自己房间里的垃圾，没有人会替他清理。父母所需要的是能够忍住不说，但通常父母都做不到这一点。父母需要狠心地不闻不问，孩子在没有人催促的情况之下，只得自己主动动手。

对不负责任的孩子，父母需要最佳敏感度，一方面允许孩子去承受不负责任行为所带来的后果，同时父母也得在必要时给予微妙的指导。这一点看起来是有冲突的，实际上并不如此，我们只不过希望父母能够拥有智慧和耐心而已。虽然父母终身都会是孩子的依靠，但毕竟孩子真正需要父母全心协助的，只有少年时期这短短几年。

孩子的不负责任行为需要家长耐心而又细心地诱导。

1. 不用惊慌，不要处罚

少年不负责任行为的增加，和他们实际不负责任的增加是两回事。多数时候是父母自己心中觉得孩子年岁增长，已变成小大人，对他们的看法也就改变了，父母开始了一些从前所没有的要求，最常用的词句是："你现在已经大了，应该开始……"就在父母开始有较高的期望的同时，少年也正在尝试寻找自己的认同，他们不愿意再被当做小孩子看待，愿意与父母平等的沟通。因此，冲突难免，有些家庭的孩子可能比较有责任感，一般来说，基本问题都差不多。

父母倾向地夸张孩子们不负责任的程度，有些甚至认为孩子们是故意令他们难过。如果父母开始惊慌，并一天到晚数落孩子，孩子们不仅会被逼得发疯，父母自己也会发疯。处罚孩子——给他们一点教训，孩子们想要的不给或禁止等，都不是教导孩子负责任的好方法，处罚只有使双方对立更加尖锐而已。

2. 让孩子为自己负责任

在很多家庭我们看到——一方面父母抱怨孩子不负责任，另一方面父母的行为，又是不让孩子学习负责任，父母对孩子的帮助，实际是在阻止孩子们成大。关心并非没有理由，然而长到少年时，他所需要父母的协助并没有那么多，父母根本没有注意到孩子已逐渐长大。成天提醒孩子做功课，或早晨叫醒要上学的孩子，都是助长孩子们学习不负责任的恶例，这样的孩子永远没有依赖感。

我们必须再三强调，把责任放在孩子们的肩上。开始时如果成效不佳也不要气馁，父母常要求自己的孩子十全十美，但是记住没有人是十全十美的。孩子在起初也许不会明白，等到出过几次差错之后，终会知道没有人肯替他们负责任。

做父母的甚至得忍受子女在班上排名落后的羞辱，尽管孩子有时急于和父母划清界线，但奇怪的是，孩子正学着父母，为了不让羞耻笼罩心头孩子总会及时回头努力用功的。

如果做父母的很在乎孩子的一切，迟早他也会在乎自己的一切。这是很重要的一点，需要特别强调。如果你现在觉得孩子没有责任感，那么学习狠心一点，来帮助你松弛神经和重拾对孩子的信心。

3. 鼓励他们

让孩子为自己负责并非抛弃不顾，我们前面所提到的"敏感"应该扮演恰当的角色。退居幕后，让孩子自己负责任，然后观察结果。父母会发现，在某些方面孩子们较愿负责任，而在其他方面则吊儿郎当。在孩子愿意负责任的事情上，父母要更加鼓励。

4. 规则的制定

少年的日常生活里，制定某些规则是无害的。父母可以让少年了解，虽然他们可以不干涉他的生活，但有一些规矩是必须遵守的。

每一个孩子都需要不同的规则，同一种规则不一定适用于每个孩子。

109

"我知道放学以后你想和朋友们在一起，如果你自己定下做功课的时间，并且确实执行，我并不反对你和朋友们出去。"

"我不会再成天紧盯你的功课了。如果你想要一部新的越野车的话，你最好成绩单上没有丙。"

父母们可以不必害怕对一些从前定下的规矩放行。而是应该选择重点加以关心，如果孩子们有进步，那么从前的一些老规则取消又何妨，有时候孩子们的不负责任是因为有太多责任要负。

要记住，少年不可能像成年人那般负责任，如果一个少年像成年人一般负责任，他不会是一个正常的少年。

这并非不要父母训练孩子，毕竟父母有责任把孩子训练成文明人，然而不负责任的行为正是少年的标记。根据专家们的经验，虽然这些行为恼人，他们自己并不在意，也许有一天父母会惊喜地发现，孩子悄悄地把房间收拾和干干净净。有一天孩子也许闷得发慌，想起了要给爱犬洗一洗澡。孩子越大，越会主动帮着做家事（他们也许开始会抱怨母亲没把家事做好）。当孩子们这样做了，父母一定要多少加以鼓励一番。

请父母记住，少年究竟还是孩子，尽量地享受他们可爱的孩子气，如果做不到这一点，也请容忍他们。不要把太多责任加在他们的身上，使他们变得少年老成。他们会比父母所想象地更早离开家里，到时候做父母的一定会非常想念他们。当他们还在身旁时，爱他们的优点，也爱他们的缺点，做父母的不应该对孩子太较真。

二、抽烟的行为

青少年抽烟也许是出于好奇，有时是为了表现自己，一旦上瘾，那就是百害而无一利，既影响身体，又影响学习，甚至为了弄到买烟的钱而走上邪路。

在学校的厕所里面，有时候会看到几个人，趁老师不在的时候溜进去，把门关起来，然后里面飘出来一些白烟。

他们在干什么？青少年朋友都知道：他们在抽烟。由于学校是禁止抽烟的，因此要躲在厕所偷偷地抽一抽，抽完了的烟头一丢，但是沾在衣服上的烟味，却没办法立刻消失。与偷偷抽烟的学生捉迷藏，似乎是所有老师都有过的经验。而且现在青少年抽烟的人数显著增加，开始吸烟的平均年龄显著下降。有更多的青少年，在年龄很少的时候就开始吸烟，这是很值得重视的现象。

为什么父母、老师会这么反对青少年抽烟呢？一个很简单的原因，就是抽烟对身体健康有很大的影响，尤其是上瘾之后，就一天都无法离开香烟。许多青少年并不了解香烟，但却莫名其妙地开始抽烟，到后来更无法戒除。所以我们该先来谈一谈，什么是上瘾。

香烟中含有一种特别的物质，称做"尼古丁"。它会随着吸进肺部的烟雾进入肺部的血流里，然后随着血液的循环，尼古丁就会进入脑部。生理、心理学家发现，这些进入脑部的尼古丁会代替某些神经传导物质而起作用，让脑部产生异常的活动。久而久之，脑部的细胞如果没有尼古丁，就不习惯。这时候，就是上瘾了。

这种现象，在不抽烟的人身上也可以看得出来，如果一个人从来不抽烟，突然抽了很多烟，他就会感到晕眩、恶心，这是因为脑部进入了许多平常没有的尼古丁的关系。上了瘾的人如果一旦没有烟抽，就会手脚发抖，整个人会变得很急躁，无法集中精神。可见抽烟并不是像一般少年所认为的没有害处，它对生理是有妨碍的。同时，抽烟对肺部的功能有很大的损害，许多医学报告指出，抽烟的人患肺癌的可能性远高于不抽烟的人，甚至只是经常处于烟雾弥漫的环境中，即使本身不抽烟，得肺癌的可能性还是大得多。

既然抽烟有这些坏处，为什么青少年还是要抽烟呢？有些青少年朋友会说："大人叫我们不要抽烟，可是他们自己还不是在抽烟？"言下之意，抽烟不可能有太大的影响的，不然为什么成人们还是抽烟呢？其实不管什么人吸烟，都不是个很理智的行为。只是很多人上了瘾，无法自拔，只好继续抽而已。青少年正值快速成长发育的时候，新陈代谢特别的快，需要更多的营养及运动。在这个时候吸烟，对身体上的害处，比成人抽烟来得更大。预防胜于治疗。从青少年时期能明白吸烟的害处而不抽烟，会比将来上瘾以后，再设法戒烟要容易，这就是为什么一般我们都特别强调，青少年不要抽烟的缘故了。

111

有许多青少年，虽然知道抽烟对身体不好，但还是继续吸烟。为什么？其实背后的原因除了上瘾以外，还有一些心理动机。

许多人第一次抽烟是在很少的时候，趁父母不在时偷偷抽的。动机很单纯，只是为了模仿父母的行为。因为他们常常看到父亲饭后一根烟，吞云吐雾，一副怡然自得的样子，不禁跃跃欲试，也想尝试一下。有些父亲也常常喜欢拿根烟逗孩子玩，以致孩子便会趁爸爸不在时，偷偷地抽根烟，慢慢地便上瘾了。也有些家长，根本不禁止孩子抽烟，甚至父子同乐。这些都导致了青少年吸烟。父母的行为，对孩子有很大的影响力。奉劝一些希望子女不要吸烟的父母，言教不如身教，如果你自己能先将烟戒了，比所有的口头责骂加起来都有效。

青少年开始抽烟的另一个原因，是团体的压力。我们常常看到一群青少年聚在一起，其中一个掏出一包烟来，递给每人一根。如果有人说：我不会抽烟，大家就会开始起哄，一起怂恿他：抽嘛，抽一根试试看。如果他仍然不肯，就会被"胆小、没有用"等语言攻击，很多的青少年朋友，经不起侮辱，就只好抽烟，目的是为了得到朋友的认同，希望在同辈团体中得到地位，被接受、被肯定。其实抽烟不抽烟，应该是自己决定的事情。如果你坚决不肯，谁也不能勉强你。强迫你抽烟的朋友，该不该继续交往下去，也必须考虑一下。反过来，能劝你放下香烟的朋友，那才是真正的好朋友。

为什么在青少年的团体中，会将抽烟看成一件重要的事呢？主要的原因是，青少年已经度过了儿童的阶段，想自己独立自主，但在很多方面又无法真正地自立，因此他们还不被承认是大人。这时候往往就会采取一些方法来证明自己已经长大，而且可以独立做决定。抽烟，由于学校及家长的禁止，反而被许多人认为是"大人的专利"，抽不抽烟，也就被认为是成人与孩子、成熟与不成熟之间的分界点。于是好奇心加上反抗权威，以及想证明自己已经长大的心理，便构成许多青少年抽烟的动机。这就是前面所说的"为显成熟勉强抽烟"。

总之，青少年抽烟的原因很多，有些人认为青少年抽烟只是好奇而已，如果让他抽了，发现也没什么，他们就不会再抽了，不需要大惊小怪。也有人说青少年抽烟，是一个自我探索的行为，为了反抗权威，

112

表示独立，只要再给他们一点时间，等他更成熟，更自我肯定，而不必用抽烟来表示自己的成长时，自然就不会抽烟了。确实，很多青少年抽过烟以后，并不会继续抽烟。但是不可否认，也有部分青少年，抽了一根烟以后，就一直地抽上了。因为抽烟对身体有太大的影响，我们还是要慎重地提醒各位青少年朋友，在你接过朋友递过来的香烟以前，一定得再三地考虑，用吸烟来表示内心的需求、成长的认同，并不是最适当的方式。真正成熟、独立、自我肯定的人，是对自己的判断、选择有信心的人，是敢于表达自己的感觉、看法、意见的人，是不会受到别人的影响而做出自己不想做的事的人。父母、师长如果发现孩子抽烟，也应该好好地和他们谈一谈，了解他们抽烟的背后动机，让他们了解抽烟可能对他们造成的伤害，情理并重之下，孩子就比较愿意放弃抽烟了。

抽烟是百害而无一利的，浪费金钱，又伤害身体，让我们一起来捻熄手上的香烟吧！

三、说谎的时期

说谎行为在青少年中是比较常见的问题。成人世界中说谎行为或许更为普遍，但由于青少年的思想观念、道德感和行为习惯处于不稳定的发展阶段，他们的早期说谎行为若得不到重视和正确对待，很有可能形成习惯性的说谎行为模式，这显然不是家长们和社会所希望看到的，因此从这种意义上说，青少年的说谎行为更值得家庭和社会的研究。而且，多数家长看待和处理孩子说谎行为的方式很有问题，他们往往严厉惩罚说谎的行为，而不探究说谎的原因，其实孩子说谎一般事出有因，诱使他们说谎的原因才是我们所要面对和解决的，若不加理会，不仅说谎问题不能解决，给孩子带来困扰的深层次问题也会愈加严重，所以研究说谎问题，有助于我们发现和理解青少年的其他问题。同时这也表明，研究说谎问题很大程度上是研究说谎的原因，而不仅是行为本身。另外，这里的研究对象是"说谎"行为而不是"不诚实"行为，两者之间的差别，一是前者只是指言语，后者的表现形式很多，如偷窃等行为都可以看做是"不诚实"的行为；二是前者描述客观的外在行为，后者

113

带有道德谴责的意味，而青少年（6～25周岁），尤其是儿童（6～12周岁）和处于青春期的未成年人（13～17周岁），他们的道德观还未完全建立，在日常生活中，说些与事实不符的话，只是行为上的问题，与道德无太大关系，大人们没必要动辄上升到道德和人格层面，事实上家长指责孩子"不诚实"甚至是道德堕落或人格败坏，都无异于给自己的孩子无端的定罪判刑。

家长和老师有时会感叹，青少年为何如此爱说谎，有些孩子甚至没一句真话，他们可能不知道有太多因素导致青少年言不由衷了。

首先是青少年个人的一些问题。最常见的说谎动机是掩饰所犯的错误，逃避惩罚。美国人用以教育小孩所津津乐道的幼年华盛顿砍樱桃树的故事，就是从正面教育小孩要勇于承认自己的错误，不要说谎。任何人都有趋利避害的本能，青少年若意识到自己的行为有可能受到惩罚，他们自然会启动防御机制保护自己。因此，这种说谎行为的正面意义在于，多数情况下，孩子已认识到自己所掩饰的行为是错误的，是不被许可的。家长若能让孩子知道，说谎总会被戳穿，坦白不仅能使自己免除说谎后的惴惴不安，而且能使父母减轻对其错误行为的惩罚，孩子就会更倾向于说实话。

一些青少年常常向同伴吹嘘自己的家庭，例如父母是大官，家里多有钱等，或炫耀曾经有多少异性追求者。若这些话是言过其实甚至是完全编造出来的，则表现了说话人想要讨人喜欢或受人崇拜的动机。据说越是自卑的人越倾向于说这类谎。青少年的活动和情感中心正从家庭转移到学校和同伴群体，他们急于在学校和同伴中获得认同。因此对他们来说，说不说谎是次要的，关键在于要符合同伴群体的亚文化价值观。在风靡国内的电视剧《成长的烦恼》中，小儿子本为了赢得小伙伴的尊敬，谎称自己的父亲是棒球教练。家长首先最好了解孩子结交的朋友，若发现小团体存在攀比风气或不良的亚文化，就应该及时干预甚至制止孩子与他们的来往；其次要使孩子认识到自己真实的样子很好，没必要自欺欺人，假扮成什么样的人。

对于年龄更小一些的儿童来说，可能存在另一种情况。他们有时难以准确区分现实与幻想，相信童话或传说中的人物与情节，他们自己也

114

会编织一些自己向往的、但根本不存在的事情，久而久之就将现实与臆想相混淆了，而成人对此通常不能理解。我小时候看了彼得潘的故事，就常常觉得晚上看到有个小飞人飞过我的房间，若我当时告诉了父母，不知他们会有何反应。迟钝而粗暴的父母或许就会斥责小孩乱说话，甚至是说谎。经常有小孩觉得当警察很神气，可能就对别人说自己的父亲是警察，这与谎称父亲是棒球教练不同，前者是真的相信自己的父亲是警察，虽然与事实不符。如何使年幼的儿童区分现实和幻想，是个很复杂的问题，许多学者、专家仍在探讨、研究之中。

有关专家曾说过：中学的孩子几乎对所有的事情都持拒绝或否认的态度，不论事情是大是小，只要是使他们产生不好感觉的任何事情，都会使他们自然而然地采取这种态度。这或许是叛逆期的表现之一。有时他们为了反抗父母的管教和控制而说谎。例如知道父母讨厌自己的某个朋友，就偏要说自己和这个朋友在一起。他们也厌恶父母无时无刻对自己隐私的关注和刺探，如讨厌每次出去都要向父母汇报情况，就撒谎说自己没有出去。网上有调查说，69％的少年承认用撒谎来隐瞒自己所去的地方。父母越是想掌握子女的行踪，越是流露出对子女的不信任，子女就越是对他们说谎。这样恶性循环的后果是十分严重的，一旦父母和子女完全丧失了相互的信任，家庭之爱就失去了基础，子女就想向外界寻求信任和爱，这样很容易落入别有用心者的手中。

面对青少年说谎，人们往往简单归咎于青少年个人，而忽略了家庭和社会对这个问题的影响。俗话说，有其父必有其子。有些青少年的说谎习惯来源于父母。父母如果道德素质不高，经常在子女面前说谎，子女也很容易养成说谎的恶习。儿童有些方面的道德水平高得令人惊讶，他们本身也厌恶说谎，对父母说谎往往非常敏感，当他们看到说谎不仅不会受到惩罚，还有可能得到好处，他们也会"习得"这一"做人"的技巧。如母亲不愿去照顾生病的外婆，谎称自己要上班，按照学习理论，子女会模仿母亲这样的逃避责任的行为，当老师要求放学后留下作值日生时，他们会谎称家里有事要早点回家，从而逃避劳动。有的父母甚至要求子女在他人面前说谎，如虚荣心强的父母要求子女在亲友面前

115

撒谎说考试考了满分。这简直是道德摧残！因为父母经常说谎而导致子女说谎成性的、有问题的是父母，社工可以介入，给父母提供教育和帮助。

除此之外，父母对子女不恰当的教育方法，也常常会逼迫子女说谎。有些父母对子女求全责备，不允许他们犯错误，他们做错了事若主动承认错误，也得不到鼓励，仍旧要挨批评，甚至被打骂。这不仅伤害了他们的心，而且会使他们认为一个人说真话就会被惩罚，说假话反而可以逃脱惩罚。另一种相反的情况是，父母不把子女说谎当回事，一笑了之，或因十分溺爱孩子而不舍得责备他们，这些都会使子女认识不到自己的错误所在，助长他们动辄说谎的习惯。

有一个题外话，因为与家庭文化性的说谎有关，一本关于美国前总统克林顿母亲的传记，揭露了克林顿母子一个十分有趣的心理特质"箱子心理"。悲惨的婚姻生活使克林顿的母亲学会了将所有不愿面对的事实和感受，统统扔进心里假想的一个"箱子"，然后把它封上，依靠这种心理防御机制，她在十分困难的时期仍保持着生活的勇气和乐观的精神。克林顿显然也继承了这一"箱子"，这使他在性丑闻闹得沸沸扬扬的时候，仍然可以在全世界面前泰然自若的说谎，被揭穿后，也能很镇定的道歉，继续他的总统任期。

对于青少年说谎问题日趋严重，社会也难逃干系，要负一定的责任。

首先父母在家中要以身作则，树立良好的行为榜样。其次就是要找到青少年说谎的原因，对症下药，让孩子感到父母更加关注他们和促使他们说谎的问题，而不是抓着他们的说谎行为不放。父母应帮助孩子形成正确的行为模式来对待自己犯的错，直面错误并加以改正，而不是靠说谎逃避惩罚。再次，处理孩子说谎问题要遵循一项原则：只指出他们行为上的错误，不要对他们进行人身攻击，不要给他们扣上大帽子，无限上升其行为的性质。父母、老师和青少年之间的信任十分重要，是一切积极关系的基础，要相信青少年说谎只是行为的问题，可以得到纠正，相信他们说谎情有可原，相信他们本质是好的，并且有进步的愿望。平日里对孩子的说谎行为，父母要敏感，对即使很小的谎言都要坚

116

决指出其错误，但对他们坦白诚实的行为也要敏感的加以肯定和鼓励，教会他们补救的方法，而不是一味地惩罚，尤其不能在他们坦白错误之后继续或加重惩罚。最后，帮助青少年树立诚实的道德品质，养成说真话的行为习惯。培根认为，习惯是人生的主宰，人们应该努力求得好的习惯；教育其实是一种从早年就开始的习惯。小孩子还不懂得诚实的价值和意义时，父母就应坚持让他们说真话，随着年岁的增长，习惯可以使外在的规范内化为自律的道德。

117

第四章 自我保护常识

第一节 青春期自我保护教育

一、提出青春期自我保护教育的背景

1. 社会环境的复杂化与学校教育程式化，造成学生对自卫的认识和能力严重欠缺。

总体上说，社会制度给青少年提供了一个光明、健康、积极、向上的社会环境。但是，毋庸讳言，社会生活中仍然存在阴暗角落、污秽潜流、颓废思想、丑恶现象。转型时期的社会，人际关系中冷漠心态渗透到社会各层面，社会道德的滑坡提醒着教育者，学生的分辨是非美丑的能力必须加强。可是，当前中小学教育内容，特别是德育内容明显落后于发展变化的现实，学校教育与社会环境有明显脱节的地方，老师讲的和学生看的不对号。因此，造成学生在自卫能力方面的真空状态。

女学生放学，走出校门会发现有专门等候的社会男青年上前攀谈交朋友；小男孩上学途中会有小痞子缠住勒索钱物；营业性舞厅和电子游戏厅吞噬少年们宝贵时间；很可能某陌生人递过来的冰激凌，就改变了好奇贪嘴的孩子行路方向；当女学生因期中成绩不佳不敢回家，会在街心绿地的石凳上发呆，一位"善于微笑"的人走来开导她，居心叵测的微笑扭转了女学生生活的轨道；瘦弱的小男孩走在僻静的胡同，突然遭遇坏人的暴力，他有足够的镇静和智谋应付吗？如果同学间暗自传阅黄色手抄本小说，如果同学相约到谁家欣赏一盘"特刺激"的录像带，对于这类诱惑，学生们自觉抵制吗？这些教育内容，生活中可能遇到，而

课本上恰恰没有讲到。

2. 孩子们性发育的提前与社会化的滞后，形成了他们既好奇又幼稚的一组危险的矛盾。

青春期发育状况调查问卷结果显示，男孩首次遗精平均年龄 14.37 岁，女孩月经初潮平均年龄是 13.09 岁。和 20 年前比，性发育呈提前趋势，性心理发展也有前倾，性的种种尝试也在悄悄进行。他们有强烈的独立自主意识，却仍旧保留着依赖成人的习惯；有明显的成人感，还处在小孩的身份；有着闭锁的内心世界，渴望着人们的理解他们纵向人际关系渐渐松解，力图摆脱成人束缚，而横向人际关系渐渐密切，同龄人交往影响越来越大；他们好说好动，精力充沛，又因认识水平低，常常违反常规，做出错事蠢事，他们渴求友谊，又不会择友，常被哥们义气所左右；特别是青春萌动，产生了性的冲动，人们形容十三四岁的孩子是"十字路口的勇士"。这样一群力图摆脱成人束缚却又缺少必要社会经验的"勇士"，是极其容易在五光十色的社会环境中误入歧途的。

3. 家庭的过度照顾过度保护与孩子们的行为依赖心理脆弱，是当前尚未解决的家庭教育误区。

中国传统子嗣文化传宗接代、养儿防老和特有的独生子女现实，造成千万家庭顽固地无微不至地照料这些独苗。幼儿阶段，家长们总是悬着心，生怕出现意外，要用筷子吗？太危险，会扎着喉咙；要去阳台吗？来，先拴根绳子在腰上；要玩棍子吗？那奶奶会吓昏的；要吃鱼吗？好，让爷爷先挑完刺。孩子到了青春期，想和同学去春游？行，就是不允许骑自行车；想自己做饭？好是好，用火不安全怎么办？想去夏令营吗？爸爸也要去，晚上给你盖被子；想参加青年志愿者行动？好，妈妈陪你，上街万一碰到坏人，妈来抵挡。

过度照顾过度保护的后果就是孩子的笨、懒、软、娇。行为的依赖养成笨和懒，而心理的脆弱形成软和娇。在家长的两个"过度"的背后是过高期望和过多干预，这些滚烫的期望和含着泪水的粗暴干预成为一种精神虐待，最终可能把孩子赶出家门。如此一代人，如何立足于未来竞争的社会？如何对待人生的挫折、坎坷？如何应付生活中偶发、意外？

119

4. 中国少年儿童工作委员会制订的《中国少年儿童生存与发展行动计划》即《中国少年雏鹰行动计划》，要求当代少年儿童学会"五自"，其中就有"自护"。

"自护"，要求青少年初步了解一些法律常识，学会运用法律手段维护自己和同伴的正当权益，增强分辨是非的能力，敢于同不良行为及坏人坏事作斗争，了解基本的医疗卫生常识，知道一些在紧急情况下基本的处理方法和救护常识。

对青春期的学生来说，主动积极而又谨慎地交友，尤其在"性"的问题上学习自尊、自爱、自理、自律和自护，这是学生不可回避的生活课题，也是教师、家长、社会工作者必须正视的教育课题。

二、青春期自我保护教育的内容

1. 敏锐的识别（全局观察和疑点的再观察）；

2. 清醒的判断（是非、真伪、表里、安危、合法非法的总判断，对事件性质的分析，对疑点细节的分析，对当时处境的分析，对事态发展的几种预测）；

120

3. 理智的自制（对意外钱物的警惕，拒绝诱惑的勇气，对摆脱困境的信心，抗拒威胁、暴力的决心，对慌乱情绪和鲁莽行为的自我暗示，对自己体力和能力的客观估计）；

4. 强烈的自我保护意识（自尊、自爱、自律）；

5. 灵活的自卫方式（利用环境保护自己，借用他人保护自己，运用法律保护自己，孤军奋战时策略的选择，其他应变机智的手段）；

6. 受害受骗后的自我救护和自我心理疏导。

三、青春期自我保护教育的方法

1. 明理。不断加深学生的以下四方面认识：对社会转型时期生活环境的认识；对青春期自我（生理的我、心理的我、道德的我）的认识；对人际交往学习的认识，尤其是异性交往和校外人际交往；对未来社会对人的要求的认识。

观察社会要用两分法，既不要把社会看成"一片净土"，到处是阳光鲜花，也不要把社会看成"一团漆黑"，到处是尔虞我诈。现实生活不是孩子幼年的童话世界。如果一味灌输"牧歌教育"，学生停留在天真幼稚阶段，对环境缺乏必要警惕，一旦遇上险情，就会大惊失色、束手就擒。相反，总是用"拍花子教育"恫吓也不好，孩子们容易对周围产生草木皆兵的错觉，多疑胆怯，不敢主动接触社会。一个面对现实的中学生，应当积极、谨慎地和周围的人和事接触，学习交往，学习自我保护，增强心理承受力。学校的牧歌教育与家庭的拍花子教育唱对台戏，这种现状一定要改变。

未来社会的激烈竞争，既需要敢闯敢冒险的勇气，也需要审时度势的清醒；既需要"百舸争流"单兵作战的智慧，也需要各行业的集体合作；既需要对人信任，也需要对人警惕；对恶人恶事，手中应用矛；对险情隐患，手中有盾。

2. 导行。男生五要：要理解女生心理一般特点；要主动关心帮助女生；要有保护女生的责任；要自觉抵制黄色诱惑；要有道德规范自制能力。女生五要：要举止端庄得体；要理智谢绝异性爱慕和追求；要拒绝任何金钱物质的引诱；要识别抵制异性的挑逗；要分辨学生适宜和不

121

适宜的场所。

3. 示范。在各种意外中，家长和教师表现出的观察的敏锐、判断的清醒、处理的果断、方式的灵活，都会给孩子以鼓舞、启迪。同龄人的机智、勇敢、镇定、坚毅等英雄行为，更会引起学生的羡慕和仿效。所以，示范包括三方面的身教，即教师、家长和学生中小英雄的身教。需要指出的是，"自我保护"中的"自我"，既是个人"小我"，也是学生群体的"大我"。自我保护含有青少年群体的相互保护。所以，我们提倡敢于向坏人坏事作斗争，在相互救护中，要有舍己救人的奉献精神，要有相互救护的常识、能力和训练。

4. 设景。顺境中的学生怎么能体验逆境？幸福中的孩子怎么能从容应对磨难？惯于父母翅膀庇护的孩子怎么能迎接危险？生活中的偶发是可遇不求的，教育者若假设某种危险情景，让学生设身处地来体验，以此增强自我保护的意识和能力。下面，笔者编写的故事，都在紧要关头戛然而止，向学生征求"假如是你，怎么办"。学生可以根据自己生活经验和道德观念以及自己的气质性格，想象可能出现的事件结局。答案是开放的，只要符合情理，只要趋安避危，只要符合性格，只要遵循社会道德规范，有操作性，都被认可。

第二节　家居落单应变法

近来常听说有些女性在家中遭到歹徒强暴，家中财物被洗劫一空。家本该是最安全、最无需戒备的地方，怎么会被歹徒选为作案地点呢？假如连家都变得如此不安全，那我们的生活环境岂非草木皆兵，随时必须提心吊胆了么？

其实，详查这些案子，不难发现"警戒心"不够是主要原因。有些女性面对陌生人毫无戒心，使得有预谋的歹徒能轻易得逞，而无预谋的也会临时兴起歹念。为了维护家居安全，平时在外面不要随意泄露个人的生活作息时间，亦不可夸耀财富。如果是独居，尽量避免在家落单或单独接客。并且平时就该做好和亲睦邻，守望相助的工作。

家中可装上完整的安全设备与预防系统。如铁门，并且在门上装置

122

由内向外看的"猫眼";装置求援的警报系统;装设遮掩的窗帘或百叶窗;安置有插栓的门键;准备一些自卫防身的器物。此外,开门时特别要提高警觉,先从"猫眼"检视,如果是陌生人,则先隔着铁门与其交谈,查明其身份及来访目的。绝对避免让陌生人进门借用电话,可以婉转地告知现在正等他人电话,并请就近寻求公用电话使用。

如果夜间外出或单独一人在家时,不妨伪装成有人在家或有多人在家的样子,譬如同时开启不同房间的灯光,又如对投石问路的可疑电话,可故意询问是否要其他人接电话说话。外出时在使用电话的答录机的情况下,不妨留下"本人正在睡觉,等醒后自会立刻回电"的留言。

此外,家中水、电、煤气的修缮、换装,最好委托牢靠熟识的店商处理。迁居新家或钥匙遗落,均应立即将锁具更换,或加装其他安全设备。如发现门、窗、锁已经遭到破坏,则应立刻报警处理,切忌直接入屋察看,以免遭到尚未离去的歹徒的侵犯。有个舒适、安全的家,是每一个人所衷心期望的,只要平时多加注意,多加防范,就能减少成为歹徒下手目标的机会。

第三节　预防无理滋扰

滋扰,从广义的角度讲,是指外部人员无视国家法律和社会公德而寻衅滋事、结伙斗殴、扰乱社会秩序等行为。从狭义的角度讲,滋扰主要是指对校园秩序的破坏扰乱,对大学生无端挑衅、侵犯乃至伤害的行为。滋扰是一个涉及学生、家庭、社会等诸多方面的复杂因素交错的社会问题,青少年必须提高警惕,尽力预防和制止外部滋扰。

一、学生受外部滋扰的常见形式

1. 校内外的不法青少年通过多种途径与少数学生进行交往,如发生矛盾或纠葛,便有目的地入校寻衅滋事、伺机报复等。

2. 有的社会不法青年,在游泳、沐浴、购物、看电影、参加舞会、观看比赛、甚至走路等偶然场合,与学生矛盾,有时进而酿成冲突。

123

3. 有的不法青年，专门尾随女同学或有目的地到学生宿舍、教室等处污辱、骚扰、调戏女生，甚至对女同学动手动脚，致使女大学生受到种种伤害。

4. 青少年犯罪团伙邀约到校园内斗殴滋事，从而使围观或路过的学生无端遭殃。

5. 外来人员或某些法纪观念淡薄的教职工子女与学生争抢活动场地、喧宾夺主，从而引发矛盾和冲突。

6. 一些游手好闲的青少年，把学校当为玩乐场所，在校园内游逛，或故意怪叫漫骂、吵吵嚷嚷，或有意扰乱秩序，以把校园搅得鸡犬不宁为乐，显得旁若无人、不可一世，似乎"老子天下第一"。学生作为学校的主人，与这类人员发生正面冲突的可能性很大。

7. 有的不法青年，喜欢在师生休息的时候不停地拨打电话，或者无聊地谈天说地，或者口吐污言秽语，以搅得人不能入睡为乐，这就是电话滋扰。

8. 少数无赖之徒，千方百计地打听异性大学生的姓名，然后不停地给其写信，不是低级庸俗的谈情说爱和造谣中伤，就是莫名其妙的恐吓和威胁，甚至敲诈勒索，从而造成被害人在精神上非常痛苦，这即是信件滋扰。

滋事者大多是一些有劣迹、行为不轨的青少年。这些人行动的目的和动机往往比较短浅，只顾满足眼前欲望而不顾后果，容易受偶然的动机和本能所支配，他们自制力差，微不足道的精神刺激即可使之陷入暴怒和冲动之中。有些则结成团伙，蛮横无理、为所欲为、称霸一方。入校滋扰者，有的事先有明确的目的，有的并无确定目标。无论是哪种形式，受滋扰的对象往往都是大学生。一些地处城郊结合部或周围居民点密集的院校，受滋扰的程度可能会更厉害一些。

124

二、青少年应当怎样对待外部滋扰

寻衅滋事是典型的流氓活动。在校园内故意起哄、强要强夺、无理取闹、追逐女学生或女教师等流氓行为，不仅直接危害师生员工的人身和财产安全，而且会破坏整个校园的正常秩序。对此，除学校有关职能部门和社会的公安机关等组织力量防范和打击外，师生遇有流氓滋事，都有义务进行抵制和制止。只要有人挺身而出，发动周围的师生共同制止，流氓即使人多势众也不能不有所收敛。一般情况下，在校园内遇有流氓滋事，一方面要敢于出面制止或将流氓分子扭送有关部门，或及时向学校保卫部门报案，或打"110"电话报警，以便及时抓获犯罪嫌疑人，予以惩办；另一方面，要加强自身的修养，冷静处置，不因小事而招惹是非，积极慎重地同外部滋扰这一丑恶现象作斗争是全校师生义不容辞的责任。具体地说，大学生在遇到流氓滋事时，应注意把握以下几点：

1. 提高警惕，做好准备，正确看待，慎重处置。面对违法青少年挑起的流氓滋扰，千万不要惊慌而要正确对待。要问清缘由、弄清是非，既不畏慎退缩、避而远之，也不随便动手，一味蛮干，而应晓之以理，以礼待人，妥善处置。

2. 充分依靠组织和集体的力量，积极干预和制止违法犯罪行为。如发现流氓滋扰事件，要及时向教师或学校有关部门报告，一旦出现公开侮辱、殴打自己的同学等类恶性事件，要敢于见义勇为，挺身而出，积极地加以揭露和制止。要注意团结和发动周围的群众，以对滋事者形成压力，迫使其终止违法犯罪行为。面对那些成群结伙、凶狠残忍的滋事者形成群起而攻之的局面，只要依靠群众、依靠集体的力量就能有效地制止其违法行为。

3. 注意策略，讲究效果，避免纠缠，防止事态扩大。在许多场合，滋事者显得愚昧而盲目、固执而无赖，有时仅有挑逗性的言语和动作，叫人可气可恼而又抓不到有效证据。遇到这种情况，一定要冷静，注意讲究策略和方法，一方面及时报告并协助有关部门进行处理；另一方面采取正面对其劝告的方法，但要注意避免纠缠、避免事态扩大，免得把自己与无赖之徒置于等同地位。

4. 自觉运用法律武器保护他人和保护自己。面对流氓滋扰事件，既要坚持以说理为主，不要轻易动手，同时又要留心观察、掌握证据。比如，有哪些人在场，谁先动手，持何凶器，滋事者有哪些重要特征，案件大致的经过是怎样的，现场状况如何，滋事者使用何种器械、有何

125

证件，毁坏的衣物和设施是什么，地面留有什么痕迹，等等。这些证据，对查处流氓滋事者是很有帮助的。

大学生除积极防范和制止发生在校园内的滋扰事件外，更应加强自身修养，不断提高自己的综合素质，严格要求自己，决不能染上流氓恶习而使自己站到滋事者的行列中去。

第四节　小心谨慎　谨防受骗

诈骗是指以非法占有为目的、用虚构事实或隐瞒真相方法骗取款额较大的公私财物的行为。由于它一般不使用暴力，而且在一派平静甚至"愉快"的气氛下进行的，受害者往往会上当。

提防和惩治诈骗分子，除需要依靠社会的力量和法治以外，更主要的还是大学生自身的谨慎防范和努力，认清诈骗分子的惯用伎俩，以防止上当受骗。

一、校内诈骗作案的主要手段

1. 假冒身份，流窜作案。

诈骗分子往往利用假名片、假身份证与人进行交往，有的还利用捡到的身份证等在银行设立账号提取骗款。骗子为了既能骗得财物又不暴露马脚，通常采用游击方式流窜作案，财物到手后立即逃离。还有骗子以骗到的钱财、名片、身份证、信誉等为资本，再去诈骗他人、重复作案。

2. 投其所好，引诱上钩。

一些诈骗分子往往利用有些人急于就业和出国等心理，投其所好、应其所急施展诡计而骗取财物。某高校应届毕业生丁某为找工作，经过人托人再托人后结识了自称与某公司经理儿媳妇有深交的哥们儿何某，何某称"只要交 800 元介绍费，找工作没问题"，谁知何某等拿到了介绍费以后便无影无踪了。

3. 真实身份，虚假合同。

利用假合同或无效合同诈骗的案件，近几年有所增加。一些骗子利用高校学生经验少、法律意识差、急于赚钱补贴生活的心理，常以公司名义、真实的身份让学生为其推销产品，事后却不兑现诺言和酬金而使学生上当受骗。对于类似的案件，由于事先没有完备的合同手续，处理起来比较困难，往往时间拖得很长，花费了许多精力却得不到应有的回报。

4. 借贷为名，骗钱为实。

有的骗子利用人们贪图便宜的心理，以高利集资为诱饵，使部分教师和学生上当受骗。个别学生常以"急于用钱"为借口向其他同学借钱，然后却挥霍一空，要债的追紧了就再向其他同学借款补洞，拖到毕业一走了之。

5. 以次充好，恶意行骗。

一些骗子利用教师、学生"识货"经验少又苛求物美价廉的特点，上门推销各种产品而使师生上当受骗。更有一些到办公室、学生宿舍推销产品的人，一发现室内无人，就会顺手牵羊后溜之大吉。

6. 招聘为名，设置骗局。

随着高校体制改革和社会主义市场经济的发展，高校学生分担培养费的比重逐步加大。为了减轻家庭负担，勤工俭学已成为大学生谋生求学的重要手段。诈骗分子往往利用这一机会，用招聘的名义对一些"无知"学生设置骗局，骗取介绍费、押金、报名费等。某高校几位学生通过所谓的"家教中介"机构联系家教业务，交了中介费后，拿到手的只是几个联系的电话号码，其实，对方并不需要家教，或者"联系迟了"，但要想要回中介费是绝对不可能的。

127

7. 骗取信任，寻机作案。

诈骗分子常利用一切机会与大学生拉关系、套近乎，或表现出相见恨晚而故作热情，或表现得十分感慨以朋友相称，骗取信任后常寻机作案。诈骗分子何某在火车上遇到某高校回家度假的学生杨某，交谈中摸清了该生家庭和同学的一些情况。何某得知杨某同班好友李某假期留校后，便返身到该校去找李某，骗得李某的信任后受到了热情款待。第二天，8 个寝室遂被洗劫一空，而何某却不辞而别了。

二、高校诈骗案件的预防措施

1. 提高防范意识，学会自我保护。社会环境千变万化，青年大学生必须尽快适应环境，学会自我保护。要积极参加学校组织的法制和安全防范教育活动，多知道、多了解、多掌握一些防范知识对自己有百利而无一害。在日常生活中，要做到不贪图便宜、不谋取私利。在助人为乐、奉献爱心的同时，要提高警惕，不能轻信花言巧语；不要把自己的家庭地址等情况随便告诉陌生人，以免上当受骗；不能用不正当的手段谋求择业和出国；发现可疑人员要及时报告，上当受骗后更要及时报案、大胆揭发，使犯罪分子受到应有的法律制裁。

2. 交友要谨慎，避免以感情代替理智。人的感情是主体与客体的交流，既是主观体验也是对外界的反映，本身应该包含合理的理智成分。如果只凭感情用事、一味"跟着感觉走"，往往容易上当受骗。交友最基本的原则有两条：一是择其善者而从之，真正的朋友应该建立在志同道合、高尚的道德情操基础之上，是真诚的感情交流而不是简单的利益关系，要学会了解、理解和谅解；二是严格做到"四戒"，即戒交低级下流之辈、戒交挥金如土之流、戒交吃喝嫖赌之徒、戒交游手好闲之人。与人交往要区别对待，保持应有的理智。对于熟人或朋友介绍的人，要学会"听其言，查其色，辨其行"，而不能"一是朋友，都是朋友"。对于"初相识的朋友"，不要轻易"掏心窝子"，更不能言听计从、受其摆布利用。对于那些"来如风雨，去如微尘"的上门客，态度要热情、处置要小心，尽量不为他们提供单独行动的时间和空间，以避免给犯罪分子创造作案条件。

128

3. 同学之间要相互沟通、相互帮助。在大学里，无论哪个学院、哪个专业，班集体总是校园中一个最基本的组织形式。在这个集体中，大家向往着同一个学习目标，生活和学习是统一的同步的，同学间、师生间的友谊比什么都珍贵，因此相互间应该加强沟通、互相帮助。有些同学习惯于把个人之间的交往看做是个人隐私，但必须了解，既然是交往就不存在绝对保密。有些交往关系，在自己认为适合的范围内适当透露或公开，更适合安全需要，特别是在自己觉得可能会吃亏上当时，与同学有所沟通或许就会得到一些帮助并避免受害。

4. 服从校园管理，自觉遵守校纪校规。为了加强校园管理，学校制订了一系列管理制度和规定。制度总是用来约束人们行为的，在执行过程中可能会给同学们带来一些不便；但是制度却是必不可缺的，况且，绝大多数校园管理制度都是为控制闲杂人员和犯罪分子混入校园作案，以维护学生正当权益和校园秩序而制定的。因此，同学们一定要认真执行有关规定，自觉遵守校纪校规，积极支持有关部门履行管理职能，并努力发挥出自己的应有作用。

第五节　拒绝一切形式的性骚扰

社会都懂得要关心爱护下一代，青少年当然也不希望自己受到任何侵犯。社会普遍认为女孩子很容易受到性骚扰和性侵犯，实际上男孩也同样可能遭遇类似的性侵犯。那么性骚扰或性侵犯又包括哪些情形呢？当然，类似问题更多地发生在成年人与孩子之间，但也可能发生在青少年之间。那么无论是男孩或女孩受到性骚扰或性侵犯时，作为受害者自己、家庭和学校又应该怎样面对这种局面呢？下面向青少年朋友们介绍的就是有关这一话题的基本知识和应对原则，其实只有一个原则，那就是尽力保护好孩子，千万别大惊小怪或恫吓孩子。

一、青少年遭受性骚扰或性侵犯的发展过程

一个典型的性骚扰或性侵犯过程往往总是从不那么露骨的性活动开始的（如言语的挑逗、向青少年暴露身体和自我刺激生殖器以引起青少

年的关注），然后出现实质性的身体接触（如搂抱），直至发生强制性性侵犯如生殖器的插入。它大致可以分为以下 5 个阶段：

遭遇期——在一个隐蔽的时间和地点具有某种个别接触的初次机会；侵犯者往往是熟人，如家庭成员、亲戚、平时信任的成年人或其他同学或校友；侵犯者往往以一些低调的、狡猾的手法如施以小恩小惠诱骗受害者上钩而受害者却幼稚地并未能察觉其险恶用心。也有些侵犯者是直接以暴力手段强迫受害者介入的。

性互动期——在侵犯者的威逼之下性活动将随时间推移而不断增加和升级，而受害者往往在惊吓或过度紧张的情况下不知所措或失去反抗能力。

强制保密期——为了使这种性侵犯活动能继续长期维持下去，侵犯者将采取各种手段如物质诱惑或威逼命令受害者保密。大多数孩子多会因为这种压力而保密的，有一小部分孩子会因为从中获得某种物质享受或快感而希望这种活动能继续下去。强制保密期可持续数月甚至数年。

暴露期——因为偶然的或故意的原因终于使真相大白。不论是第三方直接察觉到的、还是受害者出现身体或行为异常的表现而意外暴露出来的，受害者都需要在相当一段时间之内得到充分的心理支持、医疗救助、行为干预和密切随访。如努力打消除受害者的焦虑、自责和愤怒，要让受害者承认并正确面对这一事实，建立心理康复计划，必要时对性侵犯者提起诉讼。当暴露是受害者主动揭发所致时，心理支持和干预工作就相对轻松些，可以用一种较为宽松的、温和的方式进行，心理阻抗要轻得多。有些家长出于保密的考虑，有时并不愿意接受外界的干预，如果侵犯者本来就是家庭成员，情况就更加复杂。

压制期——当暴露期过去之后，经常会遇到的情况是受害者的家庭总试图排斥和压制来自外界的干预，甚至可能鼓励或要求受害者撤回最初的诉讼，也就是说，他们往往声称所谓的性侵犯根本没有发生过，过去曝光的事件全是孩子的谎言。这些家庭会认为性侵犯的发生并没有带来什么严重后果，而且会动用各种压力恐吓孩子、甚至不惜散布会损害孩子声誉和信用度的言论，声称孩子的话是根本不可信的、是骗人的。所有这些反应和孩子本来就具有的脆弱性都说明来自外界的帮助该有多么重要。

二、青少年在受到性骚扰或性侵犯后会发生哪些身心变化呢？

身体方面的变化包括：与身体虐待相反，性侵犯的身体指征往往是不常见的。只有在急性期的医学检查可能发现生殖器或肛门的擦伤、撕裂、红肿、生殖器或衣物沾有精斑、疼痛或出血。家长可能发现孩子的衣裤被撕破或弄脏，生殖器区域有抓痕、疼痛或出血。如果较晚时期发现感染性传播疾病或妊娠，也是发生过性伤害的明确证据。

行为方面的指征包括：突然出现侵犯性或充满敌意的行为；自残；离家出走；开始厌烦过去喜欢的活动；畏惧黑夜；有意回避特殊环境和人；少年犯罪；退行性行为（如又开始吮指、遗尿、总把自己弄得脏兮兮的）；很难舒舒服服地坐一会儿；超乎寻常的或过于丰富的性知识；具有报复性性诱惑或性侵犯行为（如试图触摸其他儿童、成人或动物的性器官）；与同龄人的关系紧张；有噩梦或遗尿等睡眠障碍；总纠缠大人或整天嘀嘀咕咕；过度的手淫或性体验；孤僻；畏惧或恐惧；乱写乱画一些稀奇古怪的与性相关的东西；间接地把事情真相抖出来（如总说："我今天真怕回家"，"我要是和你住一起就好了"）；变得十分自卑，社交能力很差；不愿意去公共浴池或参与游泳等需要更衣的运动；往往避免触摸、接触；在学校的表现变差；变得极度屈从，或抑郁；穿着极不适当（过紧而富有诱惑性或尽管天气很热而捂得很厚）；害怕孤独；凡遇到某教师上课时就旷课、请假或迟到；总是漫不经心或焦虑；在家庭中的责任心特别广泛；强迫行为；对任何人缺乏基本信任，这取决于受伤害时间的长短、侵犯者是否验明及受到处理、伤害的严重程度、母子关系的好坏、周围人对事件暴露的反应。

青春期其他常见不良行为的指征包括：文身或刀割等自残行为；自杀企图；假成熟现象；公开手淫；公开诱人堕落的行为、乱交、卖淫；饮食障碍（神经性厌食症、贪食症、体重突然增加或减少）；社交活动有限；对性持消极或畏惧心理；爱说谎话；酗酒或吸毒。

由此可以看出，遭遇性骚扰或性侵犯后孩子们受到的伤害将是非常广泛的，决不仅仅是身体上的伤害，而且对他们的心理和社会交往能力

131

等也带来深远影响。这些影响又是很复杂的和相互交错的，有时让人格和心理并不成熟的孩子不知所措，甚至搞不清楚究竟是拒绝还是继续让它维持下去，当然有些孩子对这种伤害还上了"瘾"。他们多会感到内疚，认为都是自己惹的祸，故存在破罐破摔的心理。事件暴露后还会害怕侵犯者的报复。

三、侵犯者会有哪些常见的特征，青少年朋友们又该如何认清和防范这些危险人物呢？

成年侵犯者的心理动态是很复杂的，他们往往公开藐视任何有秩序的社会行为规范。他们多是自卑感极强的人；他们极端自私，把个人的需要看做是压倒一切的，根本不会顾及他人的感受；他们容易存在酗酒、吸毒等不良生活习惯；当他们对孩子存在不现实的过高期待、而又没有得到所向往的回报时，于是对孩子产生怨恨。很多人想象侵犯者必然是陌生人，其实陌生人所占比例较小，因为熟人作案的机会更多，孩子对熟人缺乏防范心理，结果他们更容易骗取孩子的信任；很多人想象侵犯者必然是看上去很古怪或很不检点的人，其实他们看上去与常人无异，甚至还拥有一定的、受人尊重的社会地位，如医生、教师或干部，事发后让人难以置信；家人或亲属也占作案者的相当比例；国外报告侵犯者中有约 1/10 为女性；侵犯者自身可能还是孩子，据报告他们约占 1/3，有些青少年侵犯者其实就是过去的受害者，正是那种让他们既痛苦又有诱惑的经历导致他们现在的性骚扰或性侵犯行为，他们或是出于单纯的模仿以追求性的快感，或是出于报复的目的以此补偿过去自己受到的伤害，他们往往利用自己的年龄和身体强壮的优势欺负年幼者。

132

四、处理原则是保护孩子，孩子的利益高于一切

孩子总有一天会向父母或老师或其他他们值得信赖的人谈起自己过去的遭遇、感受和畏惧心理的，而父母或老师等人一定要心平气和地倾听孩子的诉说，要知道他们能开这个口有多难，又是下了多大勇气和犹豫了多久才把真相谈出来的。父母或老师等人在听到孩子的倾诉之后所

做出的第一反应对于保护孩子是十分重要的，那就是既不要恐慌，也不要作出过度反应。如果大人一听就暴跳如雷，表现出特别震惊、鄙视或其他消极反应，马上斥责孩子甚至打骂他们，"我早就告诉过你，……"，那就如雪上加霜，它对孩子的影响将是十分深远的，这将不可避免地给孩子的心灵带来进一步的创伤。这样也使大人丧失了在孩子心目中的权威地位和形象，无形中在两代人之间形成隔阂。当然也会使孩子的话半截儿打住，拒绝提供更多的信息。要知道大人的帮助和支持可以使孩子顺利渡过这一艰难时期。成年人要特别注意的是，孩子肯定会要求成年人千万不能把这件事再告诉别人，这时应向孩子解释清楚保密是肯定的，保证不让这件事扩散出去也不会在与此不相干的人面前讨论这件事，但有时有必要报告给从事儿童和青少年保护的有关部门或人士，以寻求他们的帮助或法律的帮助，以便更好地保护孩子自己。

正确的做法是：必须尊重孩子的隐私，和孩子的谈话要在安全的、隐秘的地方进行。支持孩子把事情经过讲出来——正常情况下，孩子是害怕向别人讲起这件事的，特别是他们的父母。如果发现孩子有什么难言之隐，要向孩子明确表明"无论发生了什么事我们会永远爱你的"，鼓励他们尽早如实向大人讲清楚事情的经过，大人就会帮助他们今后不再受到伤害。

第六节　珍爱生命　远离毒品

一、毒品的危害

（一）毒品对人体的危害

1. 身体依赖性

毒品作用于人体，使人体体能产生适应性改变，形成在药物作用下的新的平衡状态。一旦停掉药物，生理功能就会发生紊乱，出现一系列严重反应，称为戒断反应，使人感到非常痛苦。用药者为了避免戒断反应，就必须定时用药，并且不断加大剂量，从而使吸毒者终日离不开毒品。

2. 精神依赖性

毒品进入人体后作用于人的神经系统，使吸毒者出现一种渴求用药的强烈欲望，驱使吸毒者不顾一切地寻求和使用毒品。一旦出现精神依赖后，即使经过脱毒治疗，在急性期戒断反应基本控制后，要完全康复原有生理机能往往需要数月甚至数年的时间。

更严重的是，对毒品的依赖性难以消除。这是许多吸毒者在一而再、再而三复吸毒的原因，也是世界医、药学界尚待解决的课题。

3. 毒品危害人体的机理

我国目前流行最广、危害最严重的毒品是海洛因，海洛因属于阿片灯药物。在正常人的脑内和体内一些器官，存在着内源性阿片肽和阿片受体。在正常情况下，内源性阿片肽作用于阿片受体，调节着人的情绪和行为。人在吸食海洛因后，抑制了内源性阿片肽的生成，逐渐形成在海洛因作用下的平衡状态，一旦停用就会出现不安、焦虑、忽冷忽热、起鸡皮疙瘩、流泪、流涕、出汗、恶心、呕吐、腹痛、腹泻等。这种戒断反应的痛苦，反过来又促使吸毒者为避免这种痛苦而千方百计地维持吸毒状态。冰毒和摇头丸在药理作用上属中枢兴奋药，毁坏人的神经中枢。

（二）吸毒对身心的危害

1. 吸毒对身体的毒性作用：毒性作用是指用药剂量过大或用药时间过长引起的对身体的一种有害作用，通常伴有机体的功能失调和组织病理变化。中毒主要特征有：嗜睡、感觉迟钝、运动失调、幻觉、妄想、定向障碍等。

2. 戒断反应：它是长期吸毒造成的一种严重和具有潜在致命危险的身心损害，通常在突然终止用药或减少用药剂量后发生。许多吸毒者在没有经济来源购毒、吸毒的情况下，或死于严重的身体戒断反应引起的各种并发症，或由于痛苦难忍而自杀身亡。戒断反应也是吸毒者戒断难的重要原因。

3. 精神障碍与变态：吸毒所致最突出的精神障碍是幻觉和思维障碍。他们的行为特点围绕毒品转，甚至为吸毒而丧失人性。

4. 感染性疾病：静脉注射毒品给滥用者带来感染性合并症，最常见的有化脓性感染和乙形肝炎，及令人担忧的艾滋病问题。此外，还损害神经系统、免疫系统，易感染各种疾病。

（三）吸毒对社会的危害

1. 对家庭的危害：家庭中一旦出现了吸毒者，家便不成其为家了。吸毒者在自我毁灭的同时，也破害自己的家庭，使家庭陷入经济破产、亲属离散、甚至家破人亡的困难境地。

2. 对社会生产力的巨大破坏：吸毒首先导致身体疾病，影响生产，其次是造成社会财富的巨大损失和浪费，同时毒品活动还造成环境恶化，缩小了人类的生存空间。

3. 毒品活动扰乱社会治安：毒品活动加剧诱发了各种违法犯罪活动，扰乱了社会治安，给社会安定带来巨大威胁。无论用什么方式吸毒，对人体的肌体都会造成极大的损害。

二、对毒品认识的误区

青少年正处在生理、心理发育时期，单纯无知，有强烈的好奇心与逆反心理，判别是非能力不强，抵制毒品侵害心理防线薄弱，对毒品的危害性和吸毒的违法性缺乏认识，容易上当受骗，陷入毒品的万恶深渊：

一是轻信一次不会上瘾。好奇心理促使部分青少年误信谣言尝试吸毒，轻信新型毒品"不上瘾，无危害"，但众多吸毒者的亲身经历是"一日吸毒，长期想毒，终生戒毒"。

二是"免费午餐"惹的祸。几乎所有吸毒者初次吸食毒品都是接受了毒贩或其他吸毒人员"免费"提供的毒品。此后，毒贩再高价出售毒品给上瘾的青少年。

三是轻信吸毒可以减肥。毒贩经常向青少年吹嘘毒品的好处，称可以治病，还利用女青年爱美的心理编造"吸毒可以减肥"之类的谎言。实际情况是吸毒损害大脑，摧残意志，影响血液循环和呼吸系统功能，降低人的免疫能力，引发肝炎、艾滋病、肺结核等疾病，是病态的面黄肌瘦。

四是误认吸毒为时髦，毒贩们鼓吹"吸毒可以炫耀财富，现在有钱人都吸毒"、"吸毒是时髦"等错误观念,而部分青少年关注潮流,追崇时尚,往往会被这些错误的观念所左右,走上吸毒——强制戒毒——劳教戒毒这条路,不光吸尽家产钱财,也毁灭了自己的美好前程。

五是误认新型毒品不会上瘾。一些青少年容易被他人诱导,错误认为吸食新型毒品不会上瘾,对身体伤害不大,这是一种极其错误的观念。"冰毒"、"摇头丸"等新型毒品对人体有很大的危害,需要强调的是,只要吸食了新型毒品,哪怕只有一口也会成瘾,只是吸毒成瘾的时间长短存在个体上有差异罢了。

三、青少年防范措施

1. 树立正确的人生观和价值观,培养文明、健康的兴趣爱好,参加有益身心健康的文化娱乐活动,丰富自己的精神生活。

2. 认清毒品对身心健康、家庭和睦的危害,以及吸毒者最终将走上犯罪道路的危险,认清戒毒的痛苦与艰难,远离毒品。

3. 切忌沉溺于舞厅、游戏机房、录像厅等易于诱发和滋生吸毒现象的场所,以防被人诱骗而沾染毒品。

4. 要谨慎交友,如果发现周围的亲戚朋友中有吸毒的人,要坚定自己的立场和态度,坚决抵制诱惑,并应规劝其戒毒,如果劝说无效,则应坚决不与其往来。

5. 要勇于面对学习、工作和生活中的种种困难和挫折,人生难免遇逆境,切不可选择毒品来逃避现实,麻醉自己,从而最终走上毁灭之路。

特别提醒青少年防毒六不要:

1. 不要进入治安复杂的场所。

2. 不要吸食陌生人提供的香烟和饮料。

136

3. 不要效仿"明星"、"大款"的吸毒行为。

4. 不要"义气"用事。

5. 不要盲目追求"时尚"。

6. 不要滥用药品(减肥药、兴奋药、镇静药等)。

第七节　自洁自制　安全上网

一、网络对青少年的影响

　　知识经济的迅猛发展，使互联网成为当今社会的一大主题。当前，网络不仅是一种时尚和潮流的象征，更是一个国家整体科技水平甚至综合国力的集中体现。

　　有关调查报告显示，近80％的青少年用户从1999年开始使用互联网。上网比例最高的是家里（58％），其次是在网吧（20.45％）和父母或他人的办公室（15％）。青少年用户平均每周上网时间为212分钟。青少年经常使用的门户网站为新浪、搜狐、网易等。青少年用户上网，60.3％的时间用于大陆中文网站，25.2％的时间用于海外中文网站，14.5％的时间用于外文网站。完全不限制子女上网的父母占8.4％，大多数父母控制子女上网时间。

　　从调查情况看，青少年用户上网目的分为实用目的、娱乐目的、网络技术使用和信息寻求。超过50％的使用率的功能有网络游戏（62％）和聊天室（54.5％），其次是使用电子邮件（48.6％）。约50％的青少年用户有保持电子邮件联系的朋友；25.2％的青少年用户在聊天室或BBS上经常发言；37.6％的青少年用户使用即时聊天工具与认识或不认识的朋友联系。青少年对互联网的需求主要是"获得新闻"、"满足个人爱好"、"提高学习效率"、"研究有兴趣的问题"以及"结交新朋友"。

　　从以上数据可以得出，互联网已经成为青少年了解外面世界的一个主要窗口。那么，互联网对青少年都有哪些影响呢？

　　互联网对青少年的影响主要表现在以下几个方面：

　　第一，互联网为青少年提供了求知和学习的广阔校园。在互联网上的虚拟学校中上课，目前已成为国内外大、中学校的一种新颖的教育模式。据统计，到2000年7月为止，我国已有近1000家大中小学校进行了域名注册，其中有不少建立了完整的学校站点。青少年不仅可以通过互联网及时了解学校的情况，而且还可以直接学习课程，和学校的老师

137

进行直接交流，解答疑难、获取知识。诸多的网上学校的陆续建立，为青少年的求知和学习提供了良好的途径和广阔的空间。

第二，互联网为青少年获得各种信息提供了新的渠道。获取信息是青少年上网的第一目的。当前青少年关注的领域十分广泛，传统媒体已无法及时满足青少年这么多的兴趣，互联网信息容量大的特点最大程度地满足了青少年的需求，为青少年提供了最为丰富的信息资源。现在，互联网正在成为青少年获取种种信息的最佳来源。

第三，互联网有助于青少年不断提高自身技能。美国的一些专家学者将计算机技能作为未来成功青年所必须掌握的五项基本技能之一，因为在互联网上，我们几乎可以找到涉及人类生活的所有方面的各类信息，对能够熟练使用计算机的青少年来说，可以说是取之不尽、用之不竭、学之不完的知识宝库。

第四，互联网有助于拓宽青少年的思路和视野，加强青少年之间的交流和沟通，增强青少年的社会参与度，开发青少年内在的潜能。由于互联网的包容性，使上网的青少年处于和现实生活完全不同的环境中，在思考的过程中，青少年不仅锻炼了自己独立思考问题的能力，而且也提高了自己对事物的分析力和判断力；网络的互动性使青少年可以通过网上聊天室或者是 BBS 等方式广交朋友，参与社会问题的讨论，发表观点见解；而网络的无边无际也会极大地激发青少年的好奇心和求知欲，使其潜质和潜能能有效地开发出来。

互联网是一把双刃剑，它对青少年的影响既有其积极的一面，也有其消极的一面。随着越来越多的青少年逐渐接触和深入网络空间，互联网的负面影响日趋凸现。主要集中在以下几个方面：

一是互联网对青少年的人生观、价值观和世界观形成的构成潜在威胁。互联网是一张无边无际的"网"，内容虽丰富却庞杂，良莠不齐，青少年在互联网上频繁接触西方国家的宣传论调、文化思想等，这使得他们头脑中沉淀的中国传统文化观念和我国主流意识形态形成冲突，使青少年的价值观产生倾斜，甚至盲从西方。长此以往，对于我国青少年的人生观和意识形态必将起一种潜移默化的作用，对于国家的政治安定显然是一种潜在的巨大威胁。

138

二是互联网使许多青少年沉溺于网络虚拟世界，脱离现实，也使一些青少年荒废学业。与现实的社会生活不同，青少年在网上面对的是一个虚拟的世界，它不仅满足了青少年尽早尽快占有各种信息的需要，也给人际交往留下了广阔的想象空间，而且不必承担现实生活中的压力和责任。虚拟世界的这些特点，使得不少青少年宁可整日沉溺于虚幻的环境中而不愿面对现实生活。而无限制地泡在网上将对日常学习、生活产生很大的影响，严重的甚至会荒废学业。

三是互联网中的不良信息和网络犯罪对青少年的身心健康和安全构成危害和威胁。当前，网络对青少年的危害主要集中到两点，一方面是某些人实施诸如诈骗或性侵害之类的犯罪；另一方面就是黄色垃圾对青少年的危害。据有关专家调查，因特网上非学术性信息中，有47％与色情有关，网络使色情内容更容易传播。据不完全统计，60％的青少年虽然是在无意中接触到网上黄色信息的，但自制力较弱的青少年往往出于好奇或冲动而进一步寻找类似信息，从而深陷其中。调查还显示，在接触过网络上色情内容的青少年中，有90％以上有性犯罪行为或动机。

二、青少年上网注意事项

"上网"实际上就等于把自己在大范围公开曝光，是得，是失都在难测之中。因少年朋友缺乏社会交际经验和自我保护意识，因而上网必须把安全意识放在第一位，至少应在以下八个方面加以注意：

1. 不要把姓名、住址、电话号码等与自己身份有关的信息资料作为公开信息，提供给闲聊屋或公告栏等。

2. 没有征得家长或监护人的同意，不要轻易向别人提供自己的照片。

3. 当有人无偿赠给你钱物时，不要轻易接收。当有人以赠送钱物为由要求你去约会或提出登门拜访时，应当高度警惕，最好婉言拒绝。

4. 一旦发现令你感到不安的信息，应立即告诉你的父母或监护人。

5. 千万不要在父母或监护人不知道的情况下安排与别人进行面对面的约会，即使父母或监护人同意你去约会，约会地点也一定要选在公

139

共场合，且最好要有家长或监护人陪同。

6. 不要轻信网上朋友的信息资料，因为一些别有用心者上网前往往用假信息资料巧妙地把自己伪装起来。

7. 在通过电子邮件提供自己真实个人资料之前，最好要确保你与之打交道的朋友，是你和父母都认识并且信任的人。

8. 网上朋友就狭隘在网上为好，贸然走出"网"，就有可能给学习、生活、安全和温馨的家园带来麻烦和不快。

自护意识需加强，是非真假要分清。
学会防范最要紧，换得平安网上行。

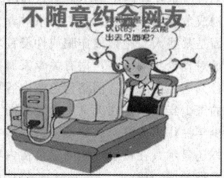

单凭网上聊聊天，是非好坏难分辨。
网上交友要慎重，随意约会不安全。

网络是个假时空，现实虚拟有不同。
上网冲浪要节制，过度沉溺可不行。

网络塞车难疏通，莫在网上逞英雄。
冲浪必须讲秩序，别把自由当放纵。

网上并非全都好，乌七八糟也不少。
不良信息绝不看，一旦陷入不得了。

网络自有规矩在，自我约束洁身爱。
侮辱他人不可取，互相欺诈更不该。

网上风光无限好，运用不良添烦恼。
合理利用是关键，身心健康最重要。

141

第五章　急救常识

第一节　自然灾害自救常识

中国幅员辽阔，地理气候条件复杂，自然灾害种类多且发生频繁，是世界上自然灾害损失最严重的少数国家之一，除现代火山活动导致的灾害外，几乎所有的自然灾害，如水灾、旱灾、地震、台风、风雹、雪灾、山体滑坡、泥石流、病虫害、森林火灾等，每年都有发生。面对可能遇到的自然灾害，你应该学会和掌握常见的自然灾害自救的基本常识，提高应变能力。在遇到自然灾害发生时，能够保持冷静，迅速地分析情况。做好自救和逃生准备。

一、地震灾害的自救

地震发生时，身处不同场所就得根据实际情况而定，因为所有的自然灾害的发生都会有一定征兆的，越早发现就应提前做好逃生准备。

发生地震时，如果是在楼房住所内，应就地避震，飞速跑到承重墙墙角、卫生间等空间小、有支撑的房间，或者坚硬的桌子底下躲起来。厕所适宜避震是因为这里空间小，大

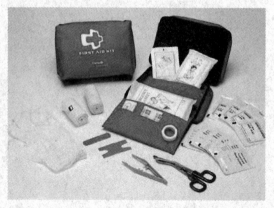

块的天花板掉下来的可能性小，且有水源，可以争取更长的生存时间。桌子也能起到减压的作用。等首震过后，再迅速撤离。千万不能滞留在床上或站在房间中央，不能躲在窗户边，不能到阳台、楼梯、或去乘电梯，更不能跳楼。因为阳台、楼梯是楼房建筑中拉力最弱的部位，而电梯在地震时则会卡死、变形。

如果在学校或公共场所时发生地震，首先要做到听从老师或现场工作人员的指挥，千万不能慌乱、拥挤。应就地蹲在桌子或其他支撑物下面，用手或其他东西保护头部，尽量避开吊灯、电扇等悬挂物。待地震过后，听从指挥，有组织地迅速撤离。

如果是在商场、书店、展览馆等处发生地震，还应避开玻璃门窗、橱窗和玻璃柜台以及高大、摆放不稳定的重物或易碎的货架。

如果在户外发生，地震时应迅速离开各种高大危险物，特别是有玻璃幕墙的建筑、街桥、立交桥、高烟囱、水塔等，避开电线杆、路灯、广告牌，可以就近选择开阔地方避震。

如果在野外发生地震时，就要飞速避开水边，如河边、湖边，以防河岸坍塌而落水。还应避开山边的危险环境，如山脚下、陡崖边，以防山崩。不要在陡峭的山坡、山崖上，以防地裂滑坡。如遇到山崩、滑坡，要向垂直于滚石前进的方向跑，切不可顺着滚石向下跑，也可躲在结实的障碍物下，或蹲在地沟，要保护好自己的头部。在野外还应注意避开变压器、高压线，以防触电。

一旦发生地震，如果找不到脱离险境的通道，尽量保存体力，用石块敲击能发出声响的物体，向外发出呼救信号，不要哭喊、急躁和盲目行动，这样会大量消耗精力和体力，尽可能控制自己的情绪或闭目休息，等待救援人员到来。如果受伤，要想法包扎，避免流血过多，维持生命。如果被埋在废墟下的时间比较长，救援人员未到，或者没有听到呼救信号，就要想办法维持自己的生命，防震包的水和食品一定要节约，尽量寻找食品和饮用水，必要时自己的尿液也能起到解渴作用。据有关资料显示，震后20分钟获救的救活率达98％以上，震后1小时获救的救活率下降到63％，震后2小时还无法获救的人员中，窒息死亡人数占死亡人数的58％。他们不是在地震中因建筑物垮塌砸死，而是

143

窒息死亡，如能及时救助，是完全可以获得生命的。汶川大地震中有几十万人被埋压在废墟中，灾区群众通过自救、互救使大部分被埋压人员重新获得生命。由灾区群众参与的互救行动，在整个抗震救灾中起到了无可替代的作用。

二、洪涝灾害的自救

洪涝灾害通常发生在 5 至 10 月份，由于连续暴雨，在短期内造成水位迅速上涨，建筑物被淹，房屋或墙体倒塌。暴雨来临时，又往往夹着雷、龙卷风等，因此一旦发生洪涝灾害，容易发生塌方、溺水、雷伤、触电、毒蛇咬伤、毒虫咬蜇伤、外伤等。

在遇洪水时，首先应该迅速登上山冈、牢固的高层建筑避险，而后要与救援部门取得联系。同时，注意收集各种漂浮物，木盆、木桶都不失为逃离险境的好工具。洪水中必须注意的是，不了解水情一定要在安全地带等待救援。受到洪水威胁，如果时间充裕，应按照预定路线，有组织地向山坡、高地转移。

在城市应向高层建筑平坦楼顶等处转移；在措手不及，已经受到洪水包围的情况下，要尽可能利用船只、木排、门板、木床等，做水上转移。洪水来得太快，已经来不及转移时，要立即爬上屋顶、楼房高屋、大树、高墙，做暂时避险，等待援救。不要单身游水转移。发现高压线铁塔倾倒、电线低垂或断折，要远离避险，不可触摸或接近，防止触电。

在山区，如果连降大雨，容易暴发山洪、山体滑坡、滚石和泥石流。一旦山洪暴发时，一定要保持冷静，迅速判断周边环境，尽快向山上或较高地方转移；如一时躲避不了，应选择一个相对安全的地方避洪。不要沿着行洪道方向跑，而要向两侧快速躲避。千万不要涉水过河，以防止被山洪冲走，还要注意防止山体滑坡、滚石、泥石流的伤害。

三、台风的自救

台风在我国沿海地区，特别是广东、福建、浙江、江苏、上海等地

144

经常出现的一种灾害，其发生有明显的季节性。气象台根据台风可能产生的影响，在预报时采用"消息"、"警报"和"紧急警报"三种形式向社会发布；同时，按台风可能造成的影响程度，从轻到重向社会发布蓝、黄、橙、红四色台风预警信号。你应密切关注媒体有关台风的报道，及时采取预防措施。

台风来临时不但有强大的风暴，可能吹倒建筑物、高空设施，造成人员伤亡。还夹带暴雨，从而引起洪涝灾害。所以，你一定要多听天气预报，在台风来临前，应准备好手电筒、收音机、食物、饮用水及常用药品等，以备急需。

台风期间尽量不外出，关好门窗，在窗玻璃上用胶布贴成米字图形，以防窗玻璃破碎。

台风期间倘若不得不外出时，应弯腰将身体紧缩成一团，一定要穿上轻便防水的鞋子和颜色鲜艳、紧身合体的衣裤，把衣服扣好或用带子扎紧，以减少受风面积，并且要穿好雨衣，戴好雨帽，系紧帽带，或者戴上头盔。行走时，应一步一步地慢慢走稳，顺风时绝对不能跑，否则就会停不下来，甚至有被刮走的危险；要尽可能抓住墙角、栅栏、柱子或其他稳固的固定物行走；在建筑物密集的街道行走时，要特别注意落下物或飞来物，以免砸伤；走到拐弯处，要停下来观察一下再走，贸然行走很可能被刮起的飞来物击伤；经过狭窄的桥或高处时，最好伏下身爬行，否则极易被刮倒或落水。如果台风期间夹着暴雨，要注意路上水深，看清路标。

野外旅游时，听到气象台发出台风预报后，能离开台风经过地区的要尽早离开，否则应贮足罐头、饼干等食物和饮用水，并购足蜡烛、手电筒等照明用品。由于台风经过岛屿和海岸时破坏力最大，所以要尽可能远离海洋；在海边和河口低洼地区旅游时，应尽可能到远离海岸的坚固宾馆及台风庇护站躲避。

如果正在海上旅游，则应尽快动员船员将船只驶入避风港，封住船舱，如是帆船，要尽早放下船帆。如果是开车旅游，则应将车开到地下停车场或隐蔽处。如果住在帐篷里，则应收起帐篷，到坚固结实的房屋中避风。

145

强台风过后不久，一定要在房子里或原先的藏身处呆着不动。因为台风的"风眼"在上空掠过后，地面会风平浪静一段时间，但绝不能以为风暴已经结束。通常，这种平静持续不到1个小时，风就会从相反的方向以雷霆万钧之势再度横扫过来，如果你是在户外躲避，那么此时就要转移到原来避风地的对侧。

在台风过后伴随而来的停电停水期间，要注意食物和饮水方面的卫生，以保证自己的健康和安全。

四、雷电的自救

雷电是不可避免的自然灾害，每年都有因雷电而造成建筑物和发电、通讯、影视设备的破坏，也有因雷电而引起火灾，毙伤人、畜的事件发生。因此，了解雷电的规律，掌握正确的预防措施和自救方法是十分必要的。在春夏多雨季节时，时常有雷雨天气，所以应小心防范，减少危险。一般说来，地面导电性能好，有突出的高大物体等，都易遭受雷击。

雷电伤人是经常发生的，如不躲避或避雷措施不当就会遭受很大威胁。在雷电交加时，感到皮肤刺痛或头发竖起，是雷电将至的先兆，应立即躲避。

雷电期间，在室内时，应把电视的户外天线插头和电源插头拔掉，尽量暂时不用电器，尽可能远离电灯、电线、电话线等引入线，以防止这些线路和设备对人体的二次放电。不要打电话；不要靠近窗口，在没有装避雷装置的建筑内则要避开钢柱、自来水管和暖气管道，以防雷电电流经它们窜入人体。此外，室内如人员较多，相互间应相隔几米为好。关好门窗，防止球形雷窜入室内造成危害。

在室外时，要远离树木、楼房等高大物体；如果来不及离开高大的物体，应该找些干燥的绝缘物放在地下，坐在上面，采用下蹲的避雷姿势，注意双脚并拢，双手合拢切勿放在地面上。千万不可躺下，这时虽然高度降低了，却增大了"跨步电压"的危险。水能导电，所以潮湿的物体并不绝缘。不要穿潮湿的衣服，不要靠近潮湿的墙壁；要远离建筑物的避雷针及其接地引下线。雷雨天气尽量不要在旷野里行走。如果有

146

急事需要赶路时，要穿塑料等不浸水的雨衣；要走得慢些，步子小点；不要用金属杆的雨伞，不要把带有金属杆的工具放在肩上。人在遭受雷击前，会突然有头发竖起或皮肤颤动的感觉，这时应立刻躺倒在地，或选择低洼处蹲下，双脚并拢，双臂抱膝，头部下俯，尽量缩小暴露面即可。

在野外时，不要在山洞口、大石下或悬岩下躲避雷雨，因为这些地方会成为火花隙，电流从中通过时产生电弧可以伤人。但深邃的山洞很安全，应尽量往里面走。

如果身在空旷的地方，应该回避山顶上的孤树和孤立草棚等，雷击时应该马上蹲在地上，这样可减少遭雷击的危险。不要用手撑地，这样会扩大身体与地面接触的范围，增加遭雷击的危险。双手抱膝，胸口紧贴膝盖，尽量低头，因为头部最易遭雷击。

但是，事物是一分为二的，如果野外有片密林，一时又找不到其他避雷场所，那么也可以利用密林来避雷，因为密林各处遭受雷击的机会差不多。这时只要不站在树林边缘，最好选择林中空地，双脚合拢，与四周各树保持差不多的距离就行了。

如果你在江、河、湖泊或游泳池中游泳时，遇上雷雨则要赶快上岸离开。因为水面易遭雷击，况且在水中若受到雷击伤害，还增加溺水的危险。另外，尽可能不要呆在没有避雷设备的船只上，特别是高桅杆的木帆船。

如你正在驾车，应留在车内。车壳是金属的，因屏蔽作用，就算闪电击中汽车，也不会伤人，因此，车厢是躲避雷击的理想地方。但是雷电期间最好不要骑马、骑自行车、骑摩托车和开敞篷拖拉机。

遭雷击不一定致命。许多人都曾逃过大难，只感到触电和遭受轻微烧伤而已。也有人遭雷击可能导致骨折（因触电引起肌肉痉挛所致）、严重烧伤和其他外伤。受雷击被烧伤或严重休克的人，身体并不带电。应马上让其躺下，扑灭身上的火，并对他进行抢救。若伤者虽失去意识，但仍有呼吸和心跳，则自行恢复的可能性很大，应让伤者舒适平卧，安静休息后，再送医院治疗。若伤者已停止呼吸或心脏跳动，应迅速对其进行口对口人工呼吸和心脏按摩，注意在送往医院的途中也不要

147

中止心肺复苏的急救。

五、沙尘暴的自救

沙尘暴，近些年已经成为春季影响我国北方地区的主要灾害天气。它的主要特点是空气质量差、能见度低、风速大。因为与沙尘暴相伴的是狂风，所以沙尘暴发生时，应尽量少外出。在室外时，不要贸然过马路，可在商场、饭店暂避，也可在低洼地带稍候，要离广告牌、树木、河流、湖泊、水池远些。以免被砸伤、被吹落水中溺水。骑车、开车时要谨慎，减速慢行。外出时最好戴上口罩和风镜，以避免沙尘对呼吸道和眼睛的伤害。医学专家也发出警告，如今的大风沙尘天气，不仅行走时要注意安全，而且空气已属重度污染，极易引发呼吸系统疾病，这种时候最好不要出门。

第二节　应付伤害的基本常识

人的一生中，有许许多多已知的或未知的因素，也正是这些有利的或不利的因素在左右我们的人生，影响我们的成长。尤其是青少年，所受的意外伤害的可能性是最大的，因为他们正处于认识社会的关键时刻，心理防范还不严密，一不小心就有可能受到或轻或重的伤害。

一、救生法

遇到紧急情况，生命垂危，你能施救吗？这就需要青少年朋友掌握相关知识。

在一场球赛中，当球击中观众时，会发生什么事？如果恰好击中一位上了年纪的人，他很可能会马上倒下去并失去意识，这时由于事出意外，现场的目击者个个惊慌失措。有少数人开始呼救，但声音却被加油声淹没了，其中有一人决定穿过人群寻求救助。然而当医生赶到现场不久后，便宣布这位老人已经死亡！如果早一点实施急救，早一点施行口对口人工呼吸，并控制血液循环，他可能还有救。事实上，人体的重要器官不能缺氧太久，如果能立刻实施急救，恢复伤者的呼吸，他至少能

148

支持到急救人员赶来。这种初步救护就称为救生法。

1. 何谓死亡

人体的组织只有在不断吸收氧气的情况下，才能不停地运作。事实上，脑部只要缺氧 8～12 秒，就会失去意识。如果缺氧长达 3～5 分钟，脑部组织就会坏死，永远无法复原，此时如果不及时供给氧气，就会造成死亡。

死亡可分为临床死亡和生物死亡。

当一个人的呼吸、血液循环和意识遭到破坏时，但还能借助特殊技术恢复时，称为"临床死亡"；如果专业技术也无法使其复原时，称为"生物死亡"。

临床死亡与生物死亡之间的差异，在于救生方面，我们必须尽一切力量防止临床死亡转变成生物死亡。因此，首先必须消除病人的呼吸、血液循环、血压和意识的障碍，并采取利于事后做医疗处理的适当措施，这些适当的急救措施往往能使临床死亡的时间延长 1 小时。通常临床死亡的时间很难确定，而且有时伤者在接受急救之前可能就已经生物死亡了。因此我们必须先判断究竟是临床死亡还是生物死亡。如果已经显示出生物死亡的迹象，如尸体已僵硬或头部已与躯干分离，则不需要再施行救生法。如果是其他状况（例如呼吸、心跳停止或瞳孔放大未超过 30 分钟以上），急救人员必须假设伤者还未生物死亡，而立刻施行救生法，但不必浪费时间找寻临床死亡的原因。

2. 何谓救生法

所谓救生法就是利用一些专业技术来避免临床死亡转变为生物死亡。救生法主要包括两部分，一是恢复血液循环，称为心脏复苏术；二是呼吸复苏术，主要在于使肺部换气。当伤者呼吸遭到破坏而血液循环尚未停止时，可以只采用呼吸复苏术；如果情况恶化，血液循环也随之停止，则必须同时采用呼吸复苏术与心脏复苏术。在实施心脏复苏术时，通常采用心脏外部按压法；至于呼吸复苏术，则多半采取口对口或口对鼻人工呼吸法。

3. 何时施行救生法

迅速和正确是施行救生法最重要的一环。此外，施救者还要立刻了

149

解伤者的状况，当机立断。因为当血液循环和换气停止时，绝对要把握时间。判断病人的状况主要有三方面：

一是判断意识状态。判断意识状况一般可借助下列方式：喊叫伤者，如能呼叫其名更佳。伤者如果对呼叫无反应时，可对他施加压力，例如在拇指和食指按压在受害者的斜方肌上。

如果伤害对某些刺激仍有反应，就表示他尚未完全失去意识，他可能借助不同方式表达他对刺激的反应，例如突然眨眼睛、呻吟、移动或扭曲脸部肌肉。对于一个尚未完全失去意识的人，不必担心他的血液循环会停止，因此也不必施行心脏复苏术。如果伤者对外界施加的痛楚压力已无反应，则可假设他已失去意识，此时，应注意他的血液循环是否停止。

二是判断血液循环是否停止。观察血液循环的最佳方式，是用食指和中指检查动脉是否仍有跳运，尤其颈脉比较粗且循环良好，容易观察。由于观察的结果将决定下一步骤的救生措施，所以这个阶段的观察必须很确切。测定脉搏跳动处的方式如下，手停置于颈部斜方肌再略施压力，就可感受到颈动脉的跳运。但如果伤者颈部的脂肪很厚或颈动脉跳动微弱，这项测试就不易成功。当施救者在伤者颈部轻轻按压、寻找颈动脉时，可能会遇到一些困难，产生反射作用造成心律的减慢，甚至在某些情况下，心脏会因此完全停止跳动。为了避免这种危险，施救者必须具备在各种状况下，都能迅速找出一条颈动脉的能力。因此，施救者必须在专业人员的指导下，接受这种训练（不管是以自己或以他人为对象）。同时必须注意的是，不能同时按压两条颈动脉，而且不能太用力按压。否则，很可能会破坏脑部的血液循环，或使它受到阻塞。

150

如果确定伤者已失去意识，而且又感受不到颈动脉的跳动时，必须假定伤者的血液循环已经停止。而立刻施行救生法。如果血液循环并未中断，我们就可进行观察伤者呼吸功能的步骤。

三是判断呼吸是否停止。一个平躺的伤者由于肌肉松弛，舌头易向喉部滑落，极可能造成阻塞、无法呼吸等情况。此时，只要采取下列措施，大多可以避免发生这种情形。将一手置于伤者颈部下面并支撑着，另一手按在其额头，使其头部达到最大曲张。如此，伤者的下颌及舌头就会往上推进，不再阻塞呼吸。

接着查看伤者是否仍有呼吸，将手掌放在伤者胸腔与腹部分隔处，然后将耳朵贴在伤者口鼻处，倾听其呼吸，并同时观察其胸腔与腹部的起伏动作。

如果病人仍有呼吸，则必须立刻进行急救措施，以保持其继续呼吸。如果病人已停止呼吸，或呼吸微弱、不规则时，则必须立刻采取呼吸复苏术。再继续观察其颈动脉的跳动情形，防止血液循环停止。

4. 心脏外部按压法

实施心脏外部按压法，可以恢复人体的血液循环。正确施行这项按压法，可以不靠心脏而恢复正常血液循环的30％。当血液循环停止时，虽然心脏外部按压法只能恢复其部分功能，但却能延长临床死亡的时间。在施行心脏外安压法时，必须与人工呼吸同时并用。

施行心脏外部按压法一段时间之后，伤者的心脏便会恢复收缩功能，不过心脏外部按压法主要是一种急救措施，目的在于延长生命，有时在施救后伤者仍昏迷不醒，心脏也未收缩。

施行心脏外部按压法时，必须注意下列几点：

（1）何时需施行心脏外部按压法？

（2）如何适当地实施心脏外部按压法？

（3）可能引起的损害有哪些？

替伤者施行心脏外部按压法的救护人员必须先接受正式的救生课程，并具备辨认伤者是否已失去意识或血液循环是否停止的能力。如果伤者已失去意识但颈动脉仍在跳动，则不能施行心脏外部按压法。

（4）如何适当地实施心脏外部按压法？

心脏位于胸腔内胸骨与脊柱之间，位置特殊，我们进行心脏外部按压法时，必须遵循以下4个要点：

供助胸骨上的压力，心脏在胸骨和脊柱间受到压力，心脏中的血液因此被挤压至动脉。压力解除后，心脏再次充血。正确的手部姿势是心脏外部按压法非常重要的一环。

①必须让伤者躺在坚硬的表面上。

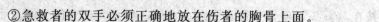

②急救者的双手必须正确地放在伤者的胸骨上面。

③急救者必须采取正确的姿势。

④急救者必须将伤者胸骨朝脊柱适当地施加压力。

施救者必须适应伤者胸腔的抵抗力，有些强壮的人用力过猛，结果造成伤者胸骨和肋骨的骨折。而在按压法施行一段时间后才发生的错误，则多半由于施救者的注意力分散或疲劳所引起。

按压和缩手的施压节律不对，或其他类似的错误都会影响按压法的成效，严重时会造成骨折或内出血，但正确的技术是不会导致意外事故的发生的。

通常，当意外事故发生时，施救者的意识是清醒的，但是恐惧有时会让其忘了进行急救。事实上，当伤者处于临床死亡的状态时，生物死亡很快就会降临，此时，只有训练有素的人才能挽救他的生命。

5．呼吸复苏术

当伤者失去意识，但血液循环尚未停止时，我们应该视其呼吸功能是否微弱、规则或已经停止，再决定是否该实施呼吸复苏术。虽然人工呼吸法只是一个治标的方法，但却能给血液带去足够的氧气，排掉其中的二氧化碳。在氧气设备不全的情况下，施救者可以采取口对口人工呼吸法或口对鼻人工呼吸法。

伤者与施救者的姿势，对人工呼吸的成效具有重要的影响。施救者必须让伤者仰卧，头部尽量后仰，然后以一手扶住伤者的颈背，另一手按住其额头，让他的头部尽量往后仰直。如果是口对口人工呼吸，施救者必须将放在伤者额头上的手往下移，以大拇指和食指夹住伤者鼻子，然后深呼吸，将嘴巴张大贴在伤者张大的口上。

施行口对口人工呼吸时，施救者必须先吸入新鲜空气，然后捏住伤者鼻子，以嘴紧贴其口部，将空气和缓、规律地吹入。大约每隔5秒钟吹气1次，1分钟做12次。同时，一面以眼睛余光观察伤者的胸部和腹部。如果伤者的胸部有起伏，则表示他的呼吸道是畅通的，也表示施救者吹进了足够的空气。当伤者胸腔上升时，施救者可以抬起头部，转头查看伤者的胸部下沉和吐气。

施救者必须注意，切勿吸入伤者吐出的气体，因为它除了含氧稀少外，也可能因其中含有的一氧化碳，而造成施救者呼吸困难。

在吹气时，有时因为伤者头部姿势不正确，而影响人工呼吸的成功率。因此，如果伤者头部后仰的角度不够时，施救者必须先矫正他的头部姿势，然后再继续另一次吹氧。如果仍不见效，则须采用口对鼻人工呼吸法。

进行口对鼻人工呼吸时，施救者将原先放在伤者颈背的手抽出，改放在他的下颌上，并小心不要给他的颈部及气管造成压力。与口对口人工呼吸一样，施救者的另一只手仍置于伤者额头上，并使其头部后仰，此时不可再按捏其鼻子。接着，紧闭其上下颌及嘴唇，然后施救者深呼吸，将嘴张大，紧贴在伤者鼻子四周，吹气入伤者鼻腔中，平均一分钟做 12 次，并观察其胸部的起伏情况。吹完气后，施救者可以抬起头部，并将伤者嘴巴张开。伤者在呼气时，软腭可能会阻塞鼻腔以及气管，因此，施救者必须以眼和耳观察伤者的呼气情形。

如果口对鼻人工呼吸法仍然无效，则可能是有异物（例如血块、断裂的假牙或呕吐的秽物等）阻塞了伤者的呼吸道。此时，施救者应以一只手撑开伤者口腔，再以另一只手的一根或两根手指掏出异物。

如果以上的方法不能立刻见效，施救者就必须另想办法取出异物。随着伤者意识逐渐模糊，其肌肉会变得更加松弛，施救者也就必须从更深处取出异物。如果异物低于咽喉，施救者不可能用手指取出，则必须让伤者采取侧卧姿势，头部尽量朝下，再以手掌朝伤者两侧肩胛骨之间拍打数次。

如果仍无成效，施救者必须再冷静地想其他办法取出呼吸道中的异物，唯有如此，人工呼吸才能成功地施行。记住：在吹气之前一定要先清除异物，最好能找到一副贴切的假牙用来支撑病人口腔，防止其下陷，不过也不必浪费时间寻找附件而延迟吹气。

153

在进行人工呼吸时，必须随时注意血液、黏液和呕吐物是否阻塞了病人的口腔或呼吸道。

如果病人想吐，必须立刻让他侧卧，并将其头部转向一侧，以便排出和清洗异物，然后再让他恢复仰卧姿势，继续施行人工呼吸。

病人如有呕吐感，可能是由于施救者吹气过猛，使其胃部膨胀，引起反胃，因此在施行人工呼吸时，施救者必须注意伤者胃部上方的膨胀情形。

此时，只要轻轻将手放在病人胃部上方按压，并小心地将其头部转向一侧，就能消除胃部的胀气。施行人工呼吸时，施救者也许会感到不舒服，如果能隔着一层干净的纱布吹气，或许会感觉好一点。

6. 溺水及其自救

不会游泳的人一旦落水，应试着让身体尽量地漂浮在水面上，仰躺并张开四肢，可以使身体漂浮。此时，必须深呼吸，使肺部尽量充满气体，并减少吐气，以保持最大的浮力，让身体能够长时间漂浮在水面上。

溺水时，切记要保持冷静，并节省体力与氧气，最好将厚重的衣物和鞋子取下，即使会游泳的人，也应该采取仰泳方式，如此到达岸边时才不致太疲倦。

溺死是指一个人没入水中，因窒息而死亡。最常发生溺死的人是少年和不会游泳或不具预防意外事故常识的落水者。善于游泳的人由于忽视水流的力量，或高估自己的体力，也会发生溺死情形。

7. 窒息

引起窒息的原因大约有3种。

第1种原因是吸进刺激性气体或烟雾，如催泪瓦斯、冷冻电路散逸出的含氨气体或火灾时产生的浓烟，这些气体会刺激呼吸道。其最初的症状是两眼发红、喉咙水肿和咳嗽。情况严重时，呼吸道会异常红肿，分泌物增加，造成呼吸困难，甚至窒息。

第2种原因是氧气不足。当瓦斯或煤气炉燃烧时，若氧气不足，就会产生一氧化碳。一氧化碳会破坏人体血液中血红蛋白与氧气的结合力，使血液无法输送足够的氧气到人体组织而缺氧。缺氧的主要症状有偏头痛、耳鸣、恶心和呼吸障碍等。细胞缺氧时，肌肉的紧张程度随即降低，人体逐渐失去意识，终至停止呼吸。

第3种原因是当有毒物质直接侵袭脑部的呼吸中枢时，也会造成窒息。因为呼吸中枢遭到破坏，无法再指挥呼吸功能。这些有毒物可以通过呼吸道、皮肤和消化道进入人体。

154

窒息的基础护理

不管在任何情况下，施救者应该遵守的原则是维护自身安全。对于毒气中毒者的急救，是专业化的工作，因此必须确定自己不会因救人而引起窒息时，方可施救。

当有人因毒气中毒时，首先必须尽量清理现场，使空气流通，让中毒者能够呼吸新鲜的空气，然后使中毒者保持前倾的坐姿，以防止黏膜的过度肿胀而引起窒息。在送医院途中，也必须让中毒者保持前倾的坐姿，必要时，应该施行人工呼吸。

如果在密闭的房间发生窒息，就必须尽快将窒息者带离室内，让他接触新鲜的空气。

在对中毒者进行急救之前，施救者必须先深深地吸一口气再吐气，然后再次呼吸，并尽量憋气。如果室内不能换气，又须立刻进行急救时，则施救者可以离开现场片刻，并禁止他人进入现场。

施救者进入现场时若感到不适，那么最好将急救的工作交给消防人员（消防人员有面具可滤清空气）。另外，必须防止毒气因小小的火花，甚至是电灯开关而引爆。

如果中毒者的意识尚清醒，且黏膜也没有肿胀，则不必让他采取坐姿，可改为平躺卧姿。因为平躺可以减少人体组织的活动，以降低氧气的消耗量。必要时，应该施行人工呼吸。

8. 哽噎

所谓哽噎，就是异物阻塞人体喉咙或气管。声带位于喉部，是上呼吸道最狭窄的部分，固定在靠近声门入口的地方，可以部分或完全地阻挡空气进入。通常，这种呼吸障碍都是暂时性的，因为咳嗽能排除异物，但有时反而使异物掉进气管内，引起呼吸障碍。支气管因发炎而阻塞时，也会造成呼吸障碍。

155

当异物紧紧地卡住呼吸道，而引起呼吸障碍时，可以借助残存在肺部的空气，将异物挤出，犹如玩具气枪的软木塞被弹出一样。

如果哽噎者本身的胸部肌肉无法使力，不能咳出异物，则可以借助施救者的手臂来施力，这就要依情况而定。

（1）站姿

施救者站在哽噎者背后，用手臂环绕其腰部，两手抱拳，放在其腹部上，正好位于肋缘下方及肚脐上方。施救者握紧拳头，用快速而朝上的力量，推挤哽噎者的腹部。

（2）坐姿

让哽噎者坐下，施救者站在椅子后面，与上述站姿的施救动作相同，视需要而重复这些动作。

（3）卧姿

哽噎者躺下，与施救者面对面。施救者跨骑在哽噎者腹部上，两手掌交叠，放在肋缘下方及肚脐上方之间的位置上，再使用快速而朝上的力量，推压其腹部。如果哽噎者已经失去意识，或身材特别魁梧，就应该采取另外的措施。将哽噎者脸部朝下，平放在桌上或地上。若是放在桌上，必须让哽噎者头部、肩膀和手臂超出桌面并下垂。将手掌叠放在哽噎者的肩胛骨之间，垂直而且用力地朝下按压数次。

如果以上急救措施无效，可以考虑口对口人工呼吸法。但是，若病人气管完全被堵住，人工呼吸不一定有效。此时，必须应用专业的急救措施，并准备将哽噎者送医急救，专家借助适当的器具，能够看到异物并将它取出。

二、中毒处理

毒物是一种以极少量便能伤害人体组织的物质。然而实际上，这个定义可推广为：所有用量过高，进而对组织造成伤害的物质都可以称之为毒物，包括糖或盐。

物质的致毒性与其量的多少有关，所谓致毒量是指能够导致中毒现象的一定量，而致命量则是导致一个人（成人与小孩不同）死亡的最低量。许多因素都能决定或影响物质的致毒性，例如体重、年龄、性别、过敏、已经患的疾病或毒物侵入组织的管道等。

最易发生中毒现象的青少年可能是因为疏忽而导致中毒的。他们喜欢触摸任何东西，更喜欢把东西放入嘴里，以辨别味道，因此中毒的机会会很高。

毒物具有各种不同的状态，包括烟雾状、气体、液体或固体，它们侵入组织的管道也不相同，例如消化道、呼吸道或皮肤黏膜等。

1. 中毒的预防

在预防中毒方面，应该特别留心最易中毒的人群。青少年的家长及师长，有责任让他们处在安全的环境里。因此，所有的危险物品都应该放置在远离少年视线的范围，尤其是药物，务必锁在柜子里。

洗涤剂不该放在洗碗槽下的小柜里；杀虫剂与除锈剂在使用之后要谨慎收好，并且最好放置在高处；避免把危险物品放在汽水瓶内；青少年生病拒绝服药时，不要把药物当作糖果来哄骗他；同时不要在青少年面前拿药。

遗忘是青少年常有的现象，也是大多数误服药物的原因。分量过重（可能忘记已经服药，而重复服用）或是分量不足的药物，都可能带来不良的后果。为了避免这种情形的发生，我们可以准备一个放置药物的小盒子，里面按服药的天数与次数分成若干小格，事先把每一次的分量装在小盒子里，就可以避免上述的错误了。

2. 从口腔中毒

具有毒性的物质由口腔进入消化道后，会在里面产生毒性。如果这种物质不具腐蚀性（例如药物、汽油、石油等），那么消化道就不会遭受直接的伤害。反之，若是吞下腐蚀性溶剂（如洗涤剂、去污剂、硫酸、盐酸、氨水等），则会直接伤害消化道。这些物质会对组织造成严重的灼伤，即使伤者得以生还，其胃壁与食道壁留下的瘢痕组织对这些器官的正常功能，也将造成永久性的损害。如果腐蚀性溶剂不幸流入气管，则可能严重地伤及肺脏。

3. 从呼吸道中毒

有些物质会通过呼吸道进入人体，而产生中毒的现象。氨气与催泪瓦斯，会立刻导致眼睛、鼻子、口腔、喉咙、食道与下呼吸道等黏膜的发炎现象，并有肺水肿、不断地流泪、喉咙疼痛与咳嗽等反应。这些反应有其特殊的功效，咳嗽与呼吸道暂时性的干扰，可以有效地制止毒气或水汽进入肺部，这是身体减低伤害所呈现的本能反应。因为这些气体

157

一旦进入肺部内，它会随着血液循环而扩及整个人体组织，进而在各组织内产生致毒反应。

4. 皮肤与黏膜的中毒

许多物质都能经由皮肤侵入人体组织，也可以经过口腔、鼻子与眼睛的黏膜而侵入。黏膜是一种致密的上皮组织，布满血管，毒物很容易借此迅速地进入血液中。通常用于农业或园艺的含毒物品（气体或烟雾状），是经过皮肤与黏膜渗入人体，并经过血液循环扩散至全身。这种情形可能抑制呼吸功能。

如果有上述的情形发生时，首先以冷水冲洗中毒的部位，然后除去病人身上的衣服。救护者不要用手直接接触病人，以免自己受毒物波及，如果病人的呼吸器官已经麻痹，就不可以施行人工呼吸，因为毒物可能经口腔黏膜侵入救护者的体内组织。此时，必须有医生的帮助。

5. 食物中毒

人类为了维持正常的成长发育，以及获得日常生活所需的能源，每天都要摄取足够的食物及营养。食物的卫生与否，保存是否得当，与我们的健康休戚相关。当我们不幸食下不洁的食物时，会造成食物中毒，不只会影响健康，甚至于会剥夺宝贵的生命。

（1）如何预防食物中毒

①个人饮食卫生。

②厨房的清洁（如厨房的菜刀、砧板、容器等都必须彻底洗净），保持沟渠的通畅，以减少蚊蝇、蟑螂、老鼠等的滋生。

③食品的保存。

④食时，注意餐饮业者的水准，尽量使用免洗或经过消毒了的餐具，以减少中毒的机会。

（2）食物中毒后的处理

①人的呕吐物或致毒的食物包好，送到医院做检验及分离，以便鉴定是哪一种细菌。

②注射点滴以补充水分的流失以防止脱水。供应电解质，预防电解质的不平衡。

③观察病人的生理变化，做紧急的应变措施。

三、伤口与感染

好动是青少年的一大特点，他们很容易将自己弄得遍体鳞伤，有时手上刀伤未愈，脚又踢伤了，一旦造成伤口流血，就要谨防伤口感染发炎。这里介绍的相关知识就是要少年学会自己调理，以防发生更大的危险。

所谓受伤，就是组织的完整性遭受损坏而变质。伤害的原因可能来自炎症、血液供给不足，也可能是由于外来的强力破坏。在这种情况下，皮肤通常会受伤，我们称为外伤或创伤。若皮肤没有受伤，我们称为皮下伤或内伤。

当身体的某部位受伤时，该部位的神经纤维也同时接触伤口而受刺激，所以受伤时便有疼痛的感觉。疼痛的强弱程度依神经细胞受触及的程度、伤口的大小以及伤者个人的敏感程度而有所不同，同一部位伤口的疼痛感也因人而异。

由于受到伤害，便导致血管扩张或出血。此时，损坏的细胞排放出某些物质，这些物质在几分钟内就会引起特殊的反应。例如用一只钝铅笔在皮肤上划过，大约一分钟后会有发红的现象，这是由于血管扩张增加了局部的供血。同时，我们也会产生灼热感，接着，出现发红现象并慢慢地扩张，几分钟后，因为微血管内的蛋白质与液体流出便形成了肿胀。

1. 伤口的恢复

想要了解伤口的愈合方法，必须先知道伤口如何修复。

当遭遇外伤时，含有水分、盐分与抗体的血浆会从血管流出，进入组织内，在伤口及其周围聚集白细胞及巨噬细胞，这些细胞能够消灭细菌与清除废物。同时，周围的微循环会形成肉芽组织；表层组织细胞和结缔组织细胞，能够迅速增生，而使伤口边缘很快地愈合。结缔组织细胞的下层是生发层，当新的毛细血管出现时，结缔组织的新细胞就形成了。

若血液循环良好，伤口愈合更快；若是伤口干燥并有痂覆盖，愈合就会较为缓慢；若伤口太过潮湿，易引起感染。感染的伤口会化脓，使

159

愈合更为缓慢。一个不受感染的干燥伤口，比一个潮湿易受感染的伤口愈合得要快得多。

抑制细菌增殖或消灭细菌的消毒剂、灭菌剂会延缓伤口愈合的时间，所以这些物质的使用必须有最高限度，特别是碘。休息可帮助伤口愈合，抬高受伤的部位可避免水肿，同时也可逐渐消除水肿。水肿对伤口的愈合极为不利，所以腿部受伤且有水肿的人，应接受特殊的治疗，如果水肿无法消除，或是循环不正常，便会形成慢性溃疡。

创伤大而深时，愈合后往往形成疤痕，疤痕会随着伤口的变小、变浅及其周围的逐渐接近而变小。感染的伤口通常留有较大且持续较久的疤痕。对疤痕的预防应从有效的基础护理开始。首先必须预防感染，必要时，应由医师处理伤口。

2. 感染

当伤口被致病因素所污染，而且环境有利于病菌生长时，细菌便会大量增多，引起伤口红肿热痛，甚至发炎，这就是感染。

感染的类别可细分如下：

（1）化脓性感染

这类感染大多由化脓性细菌所引起，例如存在于鼻子、喉咙、口腔与皮肤上的葡萄球菌与链球菌。正常时，这些细菌不会引起任何感染，但是有伤口时，它们就会引发化脓性感染。

脓含有大量的细菌，必须视为严重感染，其颜色可以提供我们一些感染菌种的线索：呈黄色、奶油色且无味道时，可能是葡萄球菌感染；若颜色呈灰黄色且有液体出现，通常是链球菌感染。

（2）腐蚀性感染

这是由腐败性细菌（例如大肠杆菌与某些链球菌）所引起，具有一种特殊的腐烂气味。

（3）分泌毒素的细菌感染

有些细菌只能生存、繁殖于无氧的环境中，一旦与氧气接触便会被消灭。而当侵入伤口时，便会使伤口出现感染的情形，最严重的是它们进入人体后便开始分泌毒素，毒素扩散至全身而导致非常严重的感染，例如破伤风等。

160

破伤风是由破伤风杆菌所致，这些细菌大多生存在马的肠子与粪便内，街道的污垢与泥土里也有。直接与这些物质接触并不会引起毒素感染，只有在闭合式伤口或伤口因供血太少而造成缺氧时才会出现此病例，特别是挫伤伤口与子弹伤口最易使破伤风杆菌繁殖增长。

从感染到症状出现，大约是两天到三个星期，甚至更长，最初的症状通常出现于感染后的 2～10 天。症状的出现是由于破伤风杆菌分泌出的毒素，经过微血管与淋巴管扩散至整个组织所致。这些毒素会扰乱控制肌肉的神经功能，而致肌肉发生痉挛收缩。

发病开始时的症状与流行性感冒等疾病的症状相同。但是，在一段时间后会出现咀嚼肌肉的痉挛收缩，亦即牙关紧闭。痉挛收缩现象会延伸至脸部、颈部、背部、四肢、躯干、喉咙的肌肉，甚至还会侵犯横膈肌。脸部肌肉痉挛收缩会引起可怕的龇牙咧嘴相或痉笑。各种刺激引发痛苦的痉挛收缩与肌肉收缩，多数还伴随发高烧的现象，由于感觉神经末梢受影响，所以痉挛收缩时患者会感到剧烈的疼痛，如果呼吸肌受波及，短时间内就会死亡，若是在感染后症状愈早出现，预后的情况就愈不乐观。当遭受破伤风杆菌感染时，立即接受治疗，通常可以挽救患者的生命。

3. 发炎

人体血液组织白细胞聚在一起，集合起来吞噬细菌并消化细菌。这种对抗的结果产生了混浊的液体——脓。脓中包含坏死的组织、白细胞以及细菌，以上便是发炎的过程。发炎的症状包括发红、发热、水肿、疼痛以及功能上的障碍等。

当炎症组织中的脓无法向外流出时，称为脓疡，一般的治疗方法是先切开脓疡让脓流出。用针来吸取脓是不够的，因为脓会再聚集于洼洞内，而形成新的脓疡。

感染有时会导致淋巴管发炎，我们可以观察到手臂或腿上的红丝，这是感染开始的症状，当它往高处延伸，手臂或腿便会轻微肿胀，发炎的管道被压迫时有疼痛感。

淋巴管发炎可用抗生素治疗。忽略发炎现象是很危险的，因为细菌很可能侵入血液，并且引起败血症、毒血症，败血症、毒血症若不及时治疗，便会导致死亡。

161

四、出血

出血也是青少年经常发生的现象，特别是鼻出血。因此掌握相关的知识，对于青少年极为重要。

事实上，并非每一种出血都能从外表察觉。外伤引起的出血当然是看得到的，但内出血通常无法从外表察觉。内出血时，有时因失去察觉往往会被人误以为是其他疾病的症状。常见消化道出血的是粪便中有夹血，或呕吐物中有血块。

在各类出血中，以腹腔出血最不易被察觉。腹腔出血大多由于内脏器官（如脾脏、肝脏或肾脏）受到外力而破裂，这时往往直到出现休克或腹壁坚硬等症状后才被发现。

1. 血液及血液循环

血液的功能是将呼吸系统吸收的氧气和全身毛细血管摄取的养分，分别运送到各个组织。

各种不同的激素，也是由血液经过血管所组成的运输网送达目的地的，心脏就是这个网络的中心，负责推动血液的运行。

2. 血液的流失量

若是失血量较少，造血组织会重新制造血液，使之达到平衡。一个健康的青少年一次失去 100～200 毫升的血液，对健康不会有影响。

发生严重的出血时，人体会自动地采取一些应变的措施。首先会让几个重要的器官（如大脑及心脏）保存足够的血液，因此，其他组织、器官（如皮肤、消化道及肌肉等）的血液量就相对地减少。

若是人体本身的应变措施无法发挥效力，就会造成休克，这是由于供应组织的血液量不足所引起的。此时，细胞内的氧气及养分含量都不足。

严重的灼伤会导致血浆的大量流失，而减少了血流量，造成休克。心肌梗塞时，血液流量虽然维持正常，但是心脏却无法将血液推送到各个组织，也会导致休克。另外，某些细菌感染也能引起休克。

3. 出血的倾向

正常的情况时有些人比较容易发生出血的情形，有的可能是由于曾经服过抑制血液凝固的药物所致。有血液凝固困难的人较容易出血，一旦受伤，伤口就比较难以愈合。

血液丧失凝固的功能可能是由于血小板不足、患有血友病或肝病，或是缺少凝血因子所致。这些人一旦受伤，比较容易发生大出血。

凡是有容易出血倾向的人，在发生外出血时，都需要紧紧地包扎，再迅速送医院急救。

4. 外出血

外出血是指血液从皮肤上的伤口流出，这可能是动脉出血、静脉出血或毛细血管出血。一般而言，毛细血管出血并不严重，除非是伤在脑部。如果伤口相当严重，通常属于混合出血，也就是小动脉及其周围的静脉同时受伤。

外出血是因为外伤所致，它可能造成的最大危险是大量失血而导致休克。此外，外出血时必须预防伤口感染。外出血的情况轻微时，首先要将受伤的部位抬高，再采取闭合式包扎，最好是紧急包扎，以防止血液流失，并预防病菌感染。若是出血的情况相当严重，就必须立刻请救护车，将伤者送往医院。如果采用的是动脉加压止血法，则在送医途中，也必须一直按住动脉。

5. 静脉曲张而发生血管破裂所造成的出血

静脉曲张发生血管破裂时，会造成大量失血。当发生血栓静脉炎，损伤了一个或数个瓣膜时，在炎症消退后会造成静脉曲张。此外，其他可能的原因如下：长期站立、过度肥胖、遗传及激素的作用。静脉曲张的症状很明显，病人的皮肤呈现一条条弯曲而凸出的血管，此外，病人经常觉得腿部沉重而且容易疲倦，甚至感到疼痛、发痒，晚上常发生抽筋的情形。有时，会因血液的淤积呈褐色。

静脉曲张的主要并发症是发生血管破裂，通常在受伤后发生。长久以来，大家一直认为这种出血的处理方法和一般的外出血不一样。事实上，静脉曲张导致外出血时，只要依照一般外出血所采取的急救方法来止血即可。

6. 流鼻血

流鼻血的情况通常不严重，也很容易处理。鼻子受到碰撞，手指挖

163

破了鼻子，或用力擤涕都可能导致流鼻血。若是发生严重的鼻子出血，可能是颅腔受伤的迹象。

流鼻血之前通常都没有任何征兆，若是经常发生这种情况，可能是凝血方面有问题。

流鼻血时应采取如下的急救步骤：

（1）轻轻地拭去所流出的血。

（2）头部保持前倾（即读书的姿势）。

（3）捏住鼻子，持续 2 分钟。

通常，这些方法已经足以止血。如果一段时间之后仍然无法止血，应该求助于医生，医生会烧灼出血处，或用特殊的纱布塞住流血处来止血。

7. 皮下出血

皮下出血多数是由于受到挫伤、扭伤、脱臼或骨折所致。

当一个人摔跤，或身体某些部位受到严重的撞击时，皮肤表面虽然没有受伤，但是皮下组织或下层的肌肉，却因此而受到伤害，这种情形称为皮下挫伤或肌肉挫伤，整个挫伤的部位，会因血管破裂而出血。病人感觉局部疼痛，伤口稍微肿胀。由于血液渗透到皮肤下及组织内，所以伤口周围的皮肤表面呈现一片青色。

发生挫伤时，首先应该避免受伤部位的运动，然后将它抬高，以防止皮下出血。

当运动员受伤时，医疗人员大多用冷敷的方法，使血管收缩，防止皮下出血、肿胀，也可因此减低疼痛。若用喷雾器将消肿的液体喷在肿胀的部位，也可以很快地达到消肿、减少疼痛的效果。但是这种方法并不很好，因为效力不能维持长久，而且可能造成冻伤。

使用冷敷来治疗挫伤的方法有许多种，其中以使用冰块最好。将冰块放在胶袋中，像包扎似的放在伤口上，假使没有冰块，也可以用冰水，或是凉的自来水冷敷。冷敷时间必须持续 10 分钟以上，否则效果不佳。

虽然医疗人员经常使用冷敷来治疗运动受伤，然而在急救时，这种方法经常受下列各种因素所左右。

164

（1）冷敷不仅是急救的方法，更是一种医疗的方法。

（2）冷敷所需的时间长短不一，经常无法控制得当。虽然它会使血管收缩，止住皮下出血，但是停止之后，血管会再度扩大。使用的时间如果太短，往往无法达到目的。一般而言，伤口如果较深，要冷敷10分钟左右才能止血。若是大腿处肌肉受伤而引起出血，则冷敷时间需要45分钟以上。

（3）冷敷能够稳定病人的心情，但是伤者在运动伤害之后，是否能够再参加体育活动，却仍待专家确定。

（4）皮下出血有时是由于骨折及脱臼所引起的，这时候千万不可以冷敷，因为凡是不当的医疗方法，都可能改变骨骼碎片的位置，而对伤者不利。

8. 内出血

所谓内出血，是指人体的颅腔、胸腔、腹腔或其他器官发生出血的情形，其症状因出血部位而异。

（1）颅腔出血

颅腔出血有两种情况，一种是发生在大脑组织内，另一种是在颅顶内部。

①大脑组织内部出血

大脑组织内部出血就是俗称的脑中风，由于大脑血管破裂所致，通常发生在高血压病人身上，其症状依发生的部位及出血的范围大小而异。发病时病人有强烈的恶心感、头部剧痛、呕吐，甚至失去知觉。病人的脸部肿胀，呼吸带有嘘声，身体的某些部位（例如手臂、腿部、甚至唇连接）感觉麻痹。

②颅顶内部出血

颅顶内部出血是由于头部受伤，或大脑及顶间的微血管破裂所致。

头部外伤会造成顶骨骨折，因而引起脑膜中动脉破裂，会造成颅顶及硬脑膜出血，形成血肿。血肿会很快地扩大，而压迫到大脑。

脑出血的早期救治原则应以"就地处理，就近治疗，减少颠簸，密切观察"为宜。首先，家属不要紧张慌乱，可让病人平躺下来，保持安静。急性期不要频繁地搬动。患者自己的心情也不要过于紧张，更不宜自动活动。否则，常可使血压升高或明显波动，以致脑出血的程度加重或再次出血。病人昏迷时，要注意保持呼吸道的畅通，给患者解开衣领，松开腰带，摘去口腔中的假牙，随时去除掉口腔中的呕吐物及分泌物。这时，不宜给病人喂水，喂药。以免发生呛咳、误吸、引起肺部感染的并发症。

其次，转送医院前宜做好准备工作，最好请保健站或医务室的医生测量一下血压，并观察瞳孔、心跳、呼吸和脉搏的情况。如果病情比较危急，必须给予相应的处理，如血压高达200/100毫米汞柱以上时，则应迅速降压，肌肉注射利血平1毫克或25％硫酸镁10毫克；病人出现瞳孔不等大和喷射性呕吐时，多表明伴有颅内压增高及脑水肿，应立即使用脱水剂，如20％甘露醇250毫升快速静脉点滴；若有呼吸困难者，可给予呼吸兴奋剂洛贝林、可拉明各1支，待病情稍稍稳定后，再进行转送。

其三，搬运病人时，最好3个人同时配合搬动，一个人托起病人的头部和肩部；另一个搬起腰部和臀部；第三个人抬起下肢，互相配合着将病人抬到担架上。转送时，应采取水平体位，最好请急救中心派出救护车来运送病人，这样便于病人在车上躺平，并有随车医生照料。

（2）胸腔出血

①肺出血

肺出血是由于肺部受伤（例如刀伤），或是胸部受到撞击或压迫，或是肋骨骨折而伤及肺部组织，或是组织发生病变（如炎症或恶性肿瘤）所致。

凡是肺出血，都会伤及肺部组织及这部分的血管。流出的血液扩散到附近的支气管，咳嗽时会咳出带鲜血的痰，并且因为血中含空气而有泡沫。

血液扩散到支气管后，会影响肺部的功能，造成严重的呼吸问题，病人由于呼吸困难，显得极端地焦虑不安，甚至有窒息的危险。除非伤及其他的血管，例如静脉及动脉，否则肺出血通常不会造成休克及无血状态。救护人员应该让病人维持半坐的姿势，使呼吸困难减至最低程度。此外，应该转移病人的注意力，使其心情放松，并且赶快叫救护车。

166

②胸膜腔内出血

胸膜腔内出血通常是胸腔挫伤，伤及肋骨间的动脉所致，病人的血液都流往胸膜腔，所以痰中没有血，因此肋骨骨折时，我们往往看不出任何血迹。

由于出血及肺部受伤，可破坏肺功能，另外，肺部组织受到血肿的压迫，会使呼吸发生困难。若是失血过多，也会造成休克。

这个时候要控制反常呼吸，立即用物体捂住伤口，不让空气通过，病人应侧卧，急送医院处理。

五、灼伤

灼伤的事故发生在好动的少年身上是常见的事，必须懂得如何防止和治疗，以免事到临头，手忙脚乱，不知如何应付，导致不必要的伤害。

皮肤灼伤的事件很常见，而且可能导致非常严重的后果。

人的皮肤面积大约 1.7 平方米，重量达 3.2 千克左右，它的厚度依各个部位而各有不同。

皮肤分两层：表皮及真皮。表皮具有不透水性，它的上层是角质层，由含有角蛋白的细胞所组成的，既坚韧又耐磨。表皮的下层是生发层，皮肤起水泡或是伤口愈合时，具有重要的作用。真皮中除了含有富弹性及支撑作用的纤维组织外，还有许多血管、毛囊、汗腺及神经末梢等。真皮的上层呈指状凸出，能深入表皮。其内层则覆盖在脂肪组织或皮下组织之上。

皮肤有许多功能，最基本的功能是成为人体与外界直接接触的部分，最重要的功能是可以感觉冷热及疼痛。其他功能如下：

（1）隔绝外界不利于人体的因素，例如冷、热、病菌及化学药品等。

（2）调节体温。当体温高到足以干扰细胞的功能时，皮肤的汗腺就会排出一定的汗量以带走热气。反之，体温下降时微血管也会收缩，让热气能够完全被身体所利用。此时，排汗量也会减少。

（3）维持体内定量的水分及盐分，以防止脱水及盐分的大量流失。

（4）在阳光的照射下，体内能够制造维生素 D，维生素 D 是维持骨

167

骼的钙含量所不可缺少的。

1. 灼伤的原因

70%左右的灼伤，都是发生在家中。

至于被火灼伤的情形，则多半由于火热，或是衣服着火，或是接触到滚烫的东西，例如电炉、锅子或熨斗所致。

电灼伤是因为部分电流流经身体某部位所造成的。化学灼伤是由于接触到含腐蚀性的东西，加工业用药品及家庭用清洁剂等所致。此外，辐射线也会引起灼伤。

2. 灼伤的严重性

灼伤的严重性可依下列几项来判断。

（1）灼伤的面积。

对于青少年的灼伤面积，现代医学常用"九分法"来确定。"九分法"是将人体各部位的面积划分为9%，或是9%的倍数，而性器官则设为1%。此外，医疗人员会依照图表来做更仔细的衡量。

（2）灼伤的程度

依照组织破坏的程度，及与热源接触的时间长短，可将灼伤分为三级：

1度灼伤：温度不高，时间也短，只伤及表皮。此时，真皮的血管会扩张，并有少量的水分流出。灼伤部位泛红及红肿，同时神经末梢受到刺激，受伤皮肤有疼痛感。

2度灼伤：承受的温度较高，时间也较长，受伤的部位扩及真皮。一些水分由真皮血管流出，形成透明状水泡，皮肤呈现红肿。

3度灼伤：皮肤的内层及神经都受到伤害，因此受伤的部位不觉得疼痛。此时，皮肤不会泛红，而呈现原来的颜色，并稍微泛白（有例外的情形，例如严重灼伤时，则颜色偏暗）。受伤部位的血管因为变性，所以没有血液流通，因此，皮肤非常干燥。

灼伤时要保持镇定，将热源切断，并用自来水冷却伤口之后，马上送医治疗，就可以达到应有的急救效果。

3. 灼伤的预防

灼伤大多由于疏忽所引起，所以，如果每个人都能够提高警觉，就

168

可以防患于未然。

以下提供几个预防灼伤的方法：

（1）滚烫的水千万不要触及，人不在厨房时，不要在炉子上煮东西，如果炉子内的东西着火时，用毯子迅速地将火扑灭。随时注意天然气有没有漏气，每次使用炉子后，查看开关是否关紧。同样，在浴室也要注意这些事项。

（2）注意各种易燃物品，并且确切地遵守其存放的方法，不要玩火柴或打火机，妥善放置这些物品。

（3）各种电器使用之后，务必切断电源。

（4）不要在室内使用类似去渍油的东西，也不要使用擦拭一下后会发热的东西。而使用这些东西时，不可以吸烟，若有易燃物品放在热水器旁边，应马上将热水器熄灭。

（5）不要用火柴或打火机试验液化气有没有漏气，而应该使用肥皂沫。

（6）烤肉烤完第一回合之后，在点火之前不要再加酒精，因为火种可能隐而不见，若再加酒精，就可能酿成火灾。

（7）露营时，不要在帐篷内换煤气。

（8）不要在床上吸烟，星星之火，可能使毯子着火，而造成严重的灼伤，甚至死亡。

六、眼部器官伤害

眼睛是人体的重要器官，青少年往往忽略了对眼睛的保护，一旦对眼睛造成了伤害，如不及时救治，将会遗恨终生。眼睛无异于人生旅途的一盏灯，少年朋友一定要加倍爱护。

169

1. 眼部的自卫机能

眼睛是特别容易受伤的器官，但并非完全无法自卫，除了本身的构造可以抵抗外来的侵犯外，还具备某些机敏的保护系统。眼部的保护机能如下：

（1）眼部具有一层坚固的保护层——角膜。

（2）角膜以灵活的方式固定在眼眶内。

（3）由于眼眶壁相当薄，于是眼眶向前开启的部分是由一种特别坚固的组织构成，又由于眼球的球状结构使我们还可以看清旁边的景物，并侦测到危险的存在。

（4）角膜及结膜的上皮细胞，可阻止致病菌穿透眼睛。

（5）泪腺位于眼睛的外角，可分泌杀菌的物质。

（6）当眼皮合上时，眼睛会稍微上转，避免角膜发生危险。

（7）角膜的触觉敏感度很高，当发生外来危险时，眼皮自以眨眼方式闭合，若危险程度更大，眼皮即紧密闭合，同时眼轮也自觉形成保护层。

尽管眼部本身具有这些保护功能，但伤害的情况还是经常发生。且某些眼部的伤害，是眼部的保护机能无力抵抗的，例如腐蚀性的化学物品（盐酸、清洗木器的酸性洗剂等）。

2. 眼睛伤害的基础护理

眼睛伤害有各种不同的严重程度，较严重的创伤须由眼科医生诊疗。因此，当发生危险时一方面要等候医生到临，一方面最好使用无菌的眼部纱布敷住伤患的眼睛。这个方法可缓和伤患的痛苦，并降低感染的危险。如果没有无菌纱布，也可以用干净的手帕替代，手帕的质料最好柔软通风。

有时还要使用第二条手帕作为填塞伤口之用，将它塞在第一条手帕的褶痕上，如此可使受伤的眼睛获得更好的保护。必要时得使用细带固定眼部纱布，这条细带从面部前穿过，在耳上打结。绝对不可在眼睛或其四周涂上软膏，以免造成医师诊断的困难。

压迫性包扎不能用于角膜破裂受伤时，因为会使眼内容物脱出，最好的方法是使用闭合法以避免外来的袭击，伤者可以自己使用闭合法。

3. 轻微的眼睛伤害

灰尘落进眼睛里会引起严重发炎、眼睛疼痛并会开始流泪以除去灰尘。大部分人的反应是试图以揉眼睛来除去灰尘，但尘粒会因此深入到角膜上皮层而更难除去。当灰尘落进眼睛，应该借助眼泪带动灰尘流出，让病人头部向肩膀前倾并眨眼，使灰尘挤向眼睛内角。由于眼泪经泪腺流向鼻部，因此尘埃会流到眼睛内角，而容易取出。灰尘若无法到眼内角，则救助人员必须在上下眼皮找寻尘粒。从下眼皮找寻并不困难，援助的人只需要求病人往上看，再用手指翻拉下眼皮下方的皮肤，就可轻易翻开眼皮，找到尘粒后，应该用干净手帕的一角，沾出眼睛内角的尘粒。在上眼皮内找寻灰尘则比较困难，救护人员可要求病人头部向前倾，同时往下看，接着把上眼皮向上拉，轻轻地掀开上眼皮，由翻开处找寻尘粒。但经常这种方法仍很难取出尘粒，此时必须重新翻回上眼皮，然后一直重复进行。若仍无法找到尘粒，则取一支细棉花棒，用这根棒子横向压紧，抵住上眼皮上约0.5厘米处，然后用另一只手的拇指和食指拉起睫毛向下、向前，再向上、向后翻，反复进行，同时用细棒将眼皮压向下方。两个动作连续重复施用，眼皮的边缘必须维持抵住眼睛，以免翻回，接着用干净手帕的一角沾出尘粒。此法仍无效的话，只有求助于眼科医生了。

戴隐形眼镜的人，有时会发生隐形眼镜滑进上眼皮并被卡住的情况，这是由于眼镜边端被角膜上轮部夹留的缘故（轮部是由于角膜和巩膜之间的弯曲弧度不同而形成）。有时候也会因眼皮闭合而将隐形眼镜翻转，以致镜片的特殊边端被眼睑结膜卷走。拉下眼皮时，即可看见隐形眼镜。

角膜糜烂时，伤患的眼睛非常疼痛，却无法找到任何尘粒，即使角膜里也没有，这可能就是发生角膜表皮糜烂，例如被树枝刺到。这种轻微的伤害，可以用一块玻璃片放在病人的角膜前，由玻璃的反射光是否平滑来辨别，如果反射光有不规则的现象，一定是角膜糜烂。

所有眼睛的疾病都可能会造成感染，所以医护人员在运送伤患前往医院时，都会先包扎伤口。医院的治疗包括包扎和服用眼药（通常含有止痛剂）。眼睛必须包扎着，直到眨眼时不再疼痛。角膜糜烂的治疗通常需要1~2天。

七、异物进入耳朵、鼻子及皮肤

青少年有时会因一些无意识的小动作，而导致异物进入耳朵、鼻子以及皮肤内，产生一系列不必要的危害。

171

1. 异物进入耳朵

青少年有时会将小块橡皮擦、小弹珠及纽扣等小东西塞进耳朵内。也会因为耳朵发痒，而使用各种物品挖耳朵，因而常常伤害外耳道，引起外耳炎。

挖耳朵时，棉花棒、棉球或是铅笔碳墨可能松脱，掉在耳道内。如果因为耳朵经常疼痛，而塞入棉花团压住止痛，也可能发生棉花团陷入耳道深处，使得发炎更加严重。

异物进入耳道，通常会造成伤害。如果鼓膜丝毫不曾受损，即使异物在耳道内停滞很久，也不会发生不良的影响。但是，异物一旦伤及鼓膜，就会发生疼痛以及其他问题。如果异物完全阻塞耳道，很可能导致重听（例如豌豆或四季豆误塞在潮湿的耳道中），检查时，要将外耳往后及稍微往上拉，然后再以充足的光线照射耳道，就很容易发现异物。

有些异物对于耳道根本不构成伤害，可是一经外行人拨弄，则可能伤及耳道。试图以镊子取出异物，可能导致异物深坠，因为在镊子取得异物之前，会将异物推得更深入耳道，而更难以被够着，严重时甚至会弄破鼓膜。因此千万不要自己试图取出耳道中的异物。一旦疑有异物误入耳中时，都必须就诊，一般而言，医生是采用冲洗耳道的方式来取出异物。

比较特殊的情况是，活生生的昆虫进入耳道内，例如蚂蚁、飞蝇、蜈蚣等，这种情形不仅令人感到厌恶，而且容易造成惊慌失措。这时，可以滴几滴食用油进耳道内，把昆虫杀死于耳道内。事后，食用油也可以带着昆虫的尸体一起慢慢从耳道内流出。

2. 异物进入鼻子

少年的鼻孔阻塞，或是一侧鼻孔有化脓的现象时，可能是异物阻塞在鼻腔内所致。如果是铁制的东西或光滑的石头，滞留在鼻孔内可能不会造成伤害；如果塞进鼻孔内的是食物，则会因腐烂而令人恶心，甚至产生化脓的分泌物。

当鼻孔阻塞时，如果不知道如何擤鼻涕，切记不能用力呼气来排除异物，因为深呼吸可能促使异物更深入鼻孔。

我们可以压住少年畅通的那侧鼻孔，并朝向鼻中隔顶压，然后让他用口呼吸，再令其用力由鼻腔吐气，就可以挤出异物。

最有效的方法，是将胡椒粉拿到少年鼻前，让其嗅闻，注意不能让胡椒粉飞进眼睛里。如此，少年就会不由自主地用力打喷嚏。如果这种方法不能奏效，就必须寻求医生的帮助。千万不要自行尝试用镊子取出异物，免得镊子滑落，而将异物推向鼻内更深处。

异物堵塞也会造成鼻腔受损或肿胀。当昆虫飞进鼻腔时，常会引起强烈的反应，此时，可以借助擤鼻涕来除去昆虫，若是失败，最好尽快就医治疗。

3. 异物进入皮肤

有许多异物可以经由皮肤而进入人体。如果是扎刺，通常会停滞在上皮组织；如果是大钉子，则可能深入人体，伤及肌肉、肌腱、韧带及内部器官。

许多意外事件经常会导致异物进入体内。以下是一些经常发生的情况：

（1）木刺。木刺是最常进入皮肤的异物，通常都不甚起眼，但很容易扎破人的手脚。如果扎刺很容易拔除的话，只要使用镊子即可。为了避免木刺断折，应该夹住最接近皮肤的部位，再将刺取出，然后用碘酒、双氧水之类的药水来为伤口消毒，并用少许纱布包扎。用来拔除木刺的镊子，一般为解剖用镊子。

无论木刺是完全或部分插入皮肤，最好是寻求医生的协助，医生多半进行局部麻醉，然后再除之。

（2）针。折断的针或针的碎片刺进人体，有时会移动很长的一段距离。此外，赤脚走路时，折断的针或大头针也可能会深深地扎进脚底。当针或大头针扎进皮肤内，最好不要使用受伤的部位，直到伤口完全痊愈为止。

如果确信可以将针完整地拔出，就可以自行处理。如果扎入的是针或者图钉的碎片，就不要试图自行拔除，而应该借助 X 光的检查，以确定碎片的位置，再由外科医生来拔除，一般人不要轻易尝试。

（3）玻璃碎片。要取出扎入皮肤内的玻璃碎片，通常比较麻烦。小

173

的碎片不容易被发现，却能引起剧烈疼痛，所以最好去医院；大的玻璃碎片会牢牢勾住皮肉，因此绝对不能自行取出，以免造成出血的危险。

除了上述各种异物进入皮肤的情形之外，当皮肤擦伤时，沙石及石砾也容易深入受伤的部位，造成伤口感染，所以，消毒伤口之前，应该先用热水清洗伤口，再进行消毒。

若是被大型机器凿穿身体的意外伤害发生，绝对不能移动伤患的身体而使其被感染，只能赶快用大绷带包扎其受伤部位，但不宜过紧，然后，马上送医院急救。

第六章　日常礼仪与人际交往常识

第一节　日常礼仪

一、礼仪的含义

礼仪是人类为维系社会正常生活而要求人们共同遵守的最起码的道德规范，是人们在社会交往中由于受历史传统、风俗习惯、宗教信仰、时代潮流等因素的影响而形成，既为人们所认同，又为人们所遵守，以建立和谐关系为目的的各种符合礼的精神及要求的行为准则或规范的总和。由于礼仪是社会、道德、习俗、宗教等方面人们行为的规范，所以它是人们文明程度和道德修养的一种外在表现形式，也是人际交往的通行证。

二、日常礼仪的准则

1. 尊重：尊重他人意味着承认他人作为人类的价值，不论他的背景、种族及信仰如何。在日常生活中要时刻做到尊重他人，不随意贬低他人的想法和意见不带偏见，并拥有一颗宽容的心。此外，自尊与尊重他人同等重要。无论自己的长相如何，无论自己是否具有个人才华，自信的人都会尊重自己，明白尊严和品格才是最重要的东西。

2. 体谅：周到和亲切是体谅他人的表现。周到指切实地考虑自己怎样做才能使他人感到自在，而亲切则更多地体现在行为上。周到和亲切这两种品质促使人们对于危难中的朋友或陌生人伸出援助、促使人们表达对他人的感激之情，或者真诚地称赞他人。

175

3. 诚实：是一种道德品质，诚实保证人们不会对他人进行不必要的冒犯。

三、日常礼仪的理解误区

1. 礼仪是一套刻板的规矩。礼貌举止的发展是与时代同步的，而且当今社会比过去任何时候都更加具有变通性。礼仪绝不是一套"要求人们的行为举止合乎礼教"的规矩，而仅仅是指导人们与他人相处时，让对方感到舒适的行为准则。

2. 礼仪只适用于富豪和上流社会。礼仪是适用于所有社会阶层、社会经济团体和所有年龄段的行为规范。任何人掌握良好的礼仪礼节后，都能够有效地提高生活质量。

3. 礼仪是过时的东西。有时候看起来过去的行为标准早已远离人们，事实上现代社会更加随意的处事方式不过是其外在的不同表现而已。从古到今，礼仪的基本原则从未发生过变化。

4. 礼仪是谄媚的表现。遵守礼仪并不意味着你是势利小人，与此相反，在很多情况下，不遵守礼仪却是自命不凡的一种表现。看不起别人的人不可能通过这种方式达到显示自身优越性的目的，而只能让自己更渺小。因为他根本不懂得如何尊重他人或体谅他人。

第二节　日常礼仪分类

一、服饰礼仪

古今中外，着装从来都体现着一种社会文化，体现着一个人的文化修养和审美情趣，是一个人的身份、气质、内在素质的无言的介绍信。从某种意义上说，服饰是一门艺术，它所能传达的情感与意蕴甚至不是用语言所能替代的。在不同场合，穿着得体、适度的人，给人留下良好的印象；穿着不当，则会降低人的身份、损害自身的形象。在社交场合，得体的服饰是一种礼貌，一定程度上直接影响着人际关系的和谐。影响着装效果的因素，一是要有文化修养和高雅的审美能力，即所谓

"腹有诗书气自华"。二是要有运动健美的素质。健美的形体是着装美的天然条件。三是要掌握着装的常识、着装原则和服饰礼仪的知识,这是达到内外和谐统一美的不可或缺的条件。

(一) 着装的TPO原则

TPO是英文time,place,object三个词首字母的缩写。T代表时间、季节、时令、时代;P代表地点、场合、职位;O代表目的、对象。着装的TPO原则是世界通行的着装打扮的最基本的原则。它要求人们的服饰应力求和谐,以和谐为美。着装要与时间、季节相吻合,符合时令;要与所处场合环境,与不同国家、区域、民族的不同习俗相吻合;符合着装人的身份;要根据不同的交往目的、交往对象选择服饰,给人留下良好的印象。

根据TPO原则,着装时应注意以下几个问题:

1. 着装应与自身条件相适应。选择服装首先应该与自己的年龄、身份、体形、肤色、性格和谐统一。年长者、身份地位高者,选择服装款式不宜太新潮,款式简单而面料质地则应讲究些才与身份年龄相吻合。青少年着装则着重体现青春气息,朴素、整洁为宜,清新、活泼最好,"青春自有三分俏",若以过分的服饰破坏了青春朝气实在得不偿失。形体条件对服装款式的选择也有很大影响。身材矮胖、颈粗圆脸形者,宜穿深色低"V"字形领,大"U"形领套装,浅色高领服装则不适合。而身材瘦长、颈细长、长脸形者宜穿浅色、高领或圆形领服装。方脸形者则宜穿小圆领或双翻领服装。身材匀称,形体条件好,肤色也好的人,着装范围则较广,可谓"浓妆淡抹总相宜"。

2. 着装应与职业、场合、交往目的、对象相协调。着装要与职业相宜,这是不可忽视的原则。工作时间着装应遵循端庄、整洁、稳重、美观、和谐的原则,给人以愉悦感和庄重感。从一个单位职业的着装和精神面貌,便能体现这个单位的工作作风和发展前景。现在越来越多的组织、企业、机关、学校开始重视统一着装,是很有积极意义的举措,这不仅给了着装者一分自豪,同时又多了一分自觉和约束 ,成为一个组织、一个单位的标志和象征。着装应与场合、环境相适应。正式社交场合,着装宜庄重大方,不宜过于浮华。参加晚会或喜庆场合,服饰则

177

可明亮、艳丽些。节假日休闲时间着装应随意、轻便，西装革履则显得拘谨而不适宜。家庭生活中，着休闲装、便装更益于与家人之间沟通感情，营造轻松、愉悦、温馨的氛围。不能穿睡衣拖鞋到大街上去购物或散步，那是不雅和失礼的。着装应与交往对象、目的相适应。与外宾、少数民族相处，更要特别尊重他们的习俗禁忌。总之，着装的最基本的原则是体现"和谐美"，上下装呼应和谐，饰物与服装色彩相配和谐，与身份、年龄、职业、肤色、体形和谐，与时令、季节、环境和谐。

（二）服装的色彩搭配与饰物礼仪

1. 服装的色彩搭配。不同的色彩有着不同的象征意义：红色象征热烈、活泼、兴奋、富有激情；黄色象征明快、鼓舞、希望、富有朝气；橙色象征开朗、欣喜、活跃；黑色象征沉稳、庄重、冷漠、富有神秘感；蓝色象征深远、沉静、安详、清爽、自信而幽远；黄绿色象征安详、活泼、幼嫩；红紫色象征明艳、夺目；紫色象征华丽、高贵；粉色象征活泼、年轻、明丽而娇美；白色象征朴素、高雅、明亮、纯洁；淡绿色象征生命、鲜嫩、愉快和青春等等。

服装的色彩是着装成功的重要因素。服装配色以"整体协调"为基本准则。全身着装颜色搭配最好不超过三种颜色，而且以一种颜色为主色调，颜色太多则显得乱而无序、不协调。灰、黑、白三种颜色在服装配色中占有重要位置，几乎可以和任何颜色相配并且都很合适。装配色和谐的几种比较保险的办法，一是上下装同色——即套装，以饰物点缀。二是同色系配色。利用同色系中深浅、明暗度不同的颜色搭配，整体效果比较协调。利用对比色搭配（明亮度对比或相互排斥的颜色对比），运用得当，会有相映生辉、令人耳目一新的亮丽效果。年轻人着上深下浅的服装，显得活泼、飘逸、富有青春气息。中老年人采用上浅下深的搭配，给人以稳重、沉着的感觉。服装的色彩搭配考虑与季节的沟通，与大自然对话也会收到不同凡响的理想效果。同一件外套，利用衬衣的样式、颜色的变化与之相衬托，会表现出独特的风格，能以简单的打扮发挥理想的效果，本身就说明着装人内在的充实与修养。很多人却忽略了这一点，不能不说是打扮意识薄弱之处。利用衬衣与外套搭配应注意衬衣颜色不能与外套相同，明暗度、深浅程度应有明显的对比。着装配色要遵守的一条重要原则，就是根据个人的肤色、年龄、体形选择颜色。如肤色黑，不宜着颜色过深或过浅的服装，而应选用与肤色对比不明显的粉红色、蓝绿色，最忌用色泽明亮的黄橙色或色调极暗的褐色、黑紫等；皮肤发黄的人，不宜选用半黄色、土黄色、灰色的服装，否则会显得精神不振、无精打采；脸色苍白的人不宜着绿色服装，否则会使脸色更显病态；而肤色红润、粉白的人，穿绿色服装效果会很好。白色衣服对任何肤色的人来说效果都不错，因为白色的反光会使人显得神采奕奕。体形瘦小的人适合穿色彩明亮度高的浅色服装，这样显得丰满；而体形肥胖的人用明亮度低的深颜色则显得苗条等。大多数人的体形、肤色属中间混合型，所以颜色搭配没有绝对性的原则，重要的是在着装实践中找到最适合自己的搭配颜色。

2. 饰物礼仪。饰物是指与服装搭配、对服装起修饰作用的其他物品，主要有领带、围巾、丝巾、胸针、首饰、提包、手套、鞋袜等等。它在着装中起着画龙点睛、协调整体的作用。

胸针适合女性一年四季佩戴。佩戴胸针应因季节、服装的不同而变化，胸针应戴在第一、第二粒纽扣之间的平行位置上。

首饰主要指耳环、项链、戒指、手镯、手链等，佩戴时应与脸型、服装协调，并且不宜同时戴多件。比如戒指，一只手最好只佩戴一枚，手镯、手链一只手也不能戴两个以上。多戴则不雅并显得庸俗，特别是

179

工作和重要社交场合穿金戴银太过分总不适宜，也不合礼仪规范。

巧用围巾，特别是女士佩戴的丝巾，会收到非常好的装饰效果。男士饰物一定不宜太多，太多则会少了些阳刚之气和潇洒之美。一条领带、一枚领带夹，某些特殊场合，在西服上衣胸前口袋上配一块装饰手帕就够了。

鞋袜在整体着装中不可忽视，如果搭配不好会给人头重脚轻的感觉。着便装穿皮鞋、布鞋、运动鞋都可以，而穿着西服、正式套装则必须穿皮鞋。男士皮鞋的颜色以黑色、深咖啡或深棕色较合适，白色皮鞋除非穿浅色套装在某些场合才适合。黑色皮鞋适合于各色服装和各种场合。正式社交场合，男士的袜子应该是深单一色的，黑、蓝、灰都可以。女士皮鞋以黑色、白色、棕色或与服装颜色一致或同色系为宜。社交场合，女士穿裙子时袜子以肉色相配最好，深色或花色图案的袜子都不合适。长筒丝袜口与裙子下摆之间不能有间隔，不能露出腿的一部分，那样很不雅观，也不符合服饰礼仪规范。有破洞的丝袜不能露在外面，穿有明显破痕的高筒袜在公众场合总会感到尴尬，不穿袜子倒还可以。总之，饰物的选用也应遵循 TPO 原则，重要的是以"和谐"为美。

（三）穿着西服的礼仪

西服以其设计造型美观、线条简洁流畅、立体感强、适应性广泛等特点而越来越深受人们的青睐。它几乎成为世界性的服装，可谓男女老少皆宜。西服七分在做，三分在穿。西装的选择和搭配是很有讲究的。选择时既要考虑颜色、尺码、价格、面料和做工，又不可忽视外形线条和比例。西装不一定必须料子讲究高档，但必须裁剪合体，整洁笔挺。选择色彩较暗、沉稳、且无明显花纹图案，但面料高档些的单色西服套装，适用场合广泛，穿用时间长，利用率较高。

180

穿着西装应遵循以下礼仪原则：

1. 西服套装上下装颜色应一致。在搭配上，西装、衬衣、领带其中应有两样为素色。

2. 穿西服套装必须穿皮鞋，便鞋、布鞋和旅游鞋都不合适。

3. 配西装的衬衣颜色应与西服颜色协调，不能是同一色。白色衬衣配各种颜色的西服效果都不错。正式场合男士不宜穿色彩鲜艳的格子或花色衬衣。衬衣袖口应长出西服袖口1～2厘米。穿西服在正式庄重场合必须打领带，其他场合不一定都要打领带。打领带时衬衣领口扣子必须系好，不打领带时衬衣领口扣子应解开。

4. 西服纽扣有单排、双排之分，纽扣系法有讲究，双排扣西装应把扣子都扣好。单排扣西装：一粒扣的，系上端庄，敞开潇洒；两粒扣的，全扣和只扣第二粒不合规范，只系上面一粒扣是洋气、正统，只系下面一粒是牛气、流气，全扣上是土气，都不系敞开是潇洒、帅气；三粒扣的，系上面两粒或只系中间一粒都合规范要求。

5. 西装的上衣口袋和裤子口袋里不宜放太多的东西。穿西装时内衣不要穿太多，春秋季节只配一件衬衣最好，冬季衬衣里面也不要穿棉毛衫，可在衬衣外面穿一件羊毛衫。穿得过分臃肿会破坏西装的整体线条美。

6. 领带的颜色、图案应与西服相协调，系领带时，领带的长度以触及皮带扣为宜，领带夹戴在衬衣第四、第五粒纽扣之间。

7. 西服袖口的商标牌应摘掉，否则不符合西服穿着规范，高雅场合会贻笑大方。

女性穿西服套裤（裙）或旗袍时，需要穿肉色的长筒或连裤式丝袜，不准光腿或穿彩色丝袜、短袜。穿衬衫时，内衣与衬衫色彩要相近、相似；穿面料较为单薄的裙子时，应着衬裙。

男性出席正式场合穿西装、制服，要坚持三色原则，即身上的颜色不能超过三种颜色或三种色系（皮鞋、皮带、皮包应为一个颜色或色系），不能穿尼龙丝袜和白色的袜子。

领带夹的用法：应在穿西服时使用，也就是说仅仅单穿长袖衬衫时没必要使用领带夹，更不要在穿夹克时使用领带夹。穿西服时使用领带夹，应将其别在特定的位置，即从上往下数，在衬衫的第四与第五粒纽扣之间，将领带夹别上，然后扣上西服上衣的扣子，从外面一般应当看不见领带夹。因为按照妆饰礼仪的规定，领带夹这种饰物的主要用途是固定领带，如果稍许外露还说得过去，如果把它别得太靠上，甚至直逼衬衫领扣，就显得过分张扬。

（四）穿着中山服的礼仪

穿中山服时，不仅要扣上全部衣扣，而且要系上领扣，并且不允许挽起衣袖。

二、仪态礼仪

仪态是指人在行为中的姿势和风度。姿势是指身体所呈现的样子，风度则属于内在气质的外化。每个人总是以一定的仪态出现在别人面前，一个人的仪态包括他的所有行为举止：一举一动、一颦一笑、站立的姿势、走路的步态、说话的声调、对人的态度、面部的表情等等。而这些外部的表现又是他内在品质、知识、能力等的真实流露。仪态在社交活动中有着特殊的作用。潇洒的风度、优雅的举止，常常令人赞叹不已，给人留下深刻的印象，受到人们的尊重。在与人交往中，人们可以通过一个人的仪态来判断他的品格、学识、能力，以及其他方面的修养程度。仪态的美是一种综合的美、完善的美，是仪态礼仪所要求的。这种美应是身体各部分器官相互协调的整体表现，同时也包括了一个人内在素质与仪表特点的和谐。容貌秀美，身材婀娜，是仪态美的基础条件，但有了这些条件并不等于就是仪态美。与容貌和身材的美相比，仪态美是一种深层次的美。容貌的美只属于那些幸运的人，而仪态美的人，往往是一些出色的人。因而仪态的美更富有永久的魅力。

1. 站姿

站姿是指人的双腿在直立静止状态下所呈现出的姿势。站姿是步态和坐姿的基础，一个人想要表现出得体雅致的姿态，首先要从规范站姿开始。得体的站姿的基本要点是：双腿基本并拢，双脚呈45度到60度夹角，身体直立，挺胸，抬头，收腹，平视。所谓"站如松"，是指人的站立姿势要像松树一样直立挺拔，双腿均匀用力。得体的站姿给人以健康向上的感觉，不好的站姿如低头含胸，双肩歪斜，依靠墙壁，腿脚抖动等会给人以委靡不振的感觉。

工作场合可以根据自身条件选择以下站姿：（1）外交官式站姿：双腿微微分开，挺胸抬头，收腹立腰，双臂自然下垂，下颌微收，双目平视。（2）服务员式站姿：挺胸直立，平视前方，双腿适度并拢，双手在腹前交叉，男性右手握住左手腕部，女性右手握住左手的手指部分。双腿均匀用力。（3）双手背后式：挺胸收腹，两手在身后交叉，右手搭在左手腕部，两手心向上收。（4）体前单屈臂式：挺胸收腹，左手臂自然下垂，右臂肘关节屈，右前臂至中腹部，右手心向里，手指自然弯曲。站姿可以随着时间地点身份的不同而变化，但一定要自然大方，并且适合自己的外在和内在特点。

2. 坐姿

坐姿是指人在就座以后身体所保持的一种姿势。得体的坐姿的基本要点是：上身挺直，两肘或自然弯曲或靠在椅背上，双脚接触地面（翘脚时单脚接触地面），双腿适度并紧。所谓"坐如钟"，是指坐姿要像钟一样端庄沉稳、镇定安详。一般情况下，要求女性的双腿并拢，而男性双腿之间可适度留有间隙。双腿自然弯曲，两脚平落地面，不宜前伸。在日常交往场合，男性可以跷腿，但不可跷得过高或抖动。女性大腿并拢，小腿交叉，但不宜向前伸直。如女性着裙装，应养成习惯在就座前从后面抚顺一下再坐下。根据不同的场合和不同的座位，坐的位置可前可后，但上身一定要保持直立。

工作场合可以根据自身条件选择以下坐姿：

（1）正襟危坐式：上身与大腿，大腿与小腿，小腿与地面，都应当成直角。双膝双脚适度并拢。这是最传统意义上的坐姿，适用于大部分的场合尤其是正规场合。（2）大腿叠放式：两条腿在大腿部分叠放在一起，位于下方的一条腿垂直于地面，脚掌着地，位于上方的另一条腿的小腿适当向内收，同时脚尖向下。女性着短裙不宜采用这种姿势。（3）双脚交叉式：双脚在踝部交叉。交叉后的双脚可以内收，也可以斜放，但不宜向前方远远直伸出去。（4）前伸后屈式：双腿适度并拢，左腿向前伸出，右腿向后收，两脚脚掌着地。

以上坐姿男女均可采用，以下为女士坐姿。（1）双腿斜放式：双腿完全并拢，然后双脚或向左或向右斜放，斜放后的腿部与地面约呈45度夹角。（2）双腿叠放式：双腿一上一下交叠在一起，两腿之间没有间隙，双腿或斜放于左侧或斜放于右侧，腿部与地面约呈45度夹角，叠放在上的脚尖垂向地面。女士着裙装可采用这种方式。

183

3. 步态

步态是指一个人在行走过程中的姿势，也可叫做走姿。它以人的站姿为基础，始终处于运动中。步姿体现的是一种动态的美。得体的步态的最基本要点是：抬头挺胸，上身直立，双肩端平，两臂与双腿成反相位自然交替甩动，手指自然弯曲，身体中心略微前倾。所谓的"行如风"，是指行走动作连贯，从容稳健。步幅、步速要以出行的目的、环境和身份等因素而定。协调和韵律感是步态的最基本要求。女士在较正式的场合中的行路轨迹应该是一条线，即行走时两脚内侧在一条直线上，两膝内侧相碰，收腰提臀挺胸收腹，肩外展，头正颈直收下颌。男士在较正式的场合中的行路轨迹应该是两条线，即行走时两脚的内侧应是在两条直线上。不雅的步态会给人留下很不好的印象，如：左右摇晃，弯腰驼背，左顾右盼，鞋底蹭地，八字脚，碎步等等。

三、语言礼仪

语言是双方信息沟通的桥梁，是双方思想感情交流的渠道。语言在人际交往中占据着最基本、最重要的位置。语言作为一种表达方式，能随着时间、场合、对象的不同，而表达出各种各样的信息和丰富多彩的思想感情。说话礼貌的关键在于尊重对方和自我谦让。

（一）使用敬语、谦语、雅语

1. 敬语。敬语，亦称"敬辞"，它与"谦语"相对，是表示尊敬礼貌的词语。除了礼貌上的必须之外，能多使用敬语，还可体现一个人的文化修养。

（1）敬语的运用场合：第一，比较正规的社交场合。第二，与师长或身份、地位较高的人的交谈。第三，与人初次打交道或会见不太熟悉的人。第四，会议、谈判等公务场合等。

（2）常用敬语如人们日常使用的"请"字，第二人称中的"您"字，代词"阁下"、"尊夫人"、"贵方"等，另外还有一些常用的词语用法，如初次见面称"久仰"，很久不见称"久违"，请人批评称"请教"，请人原谅称"包涵"，麻烦别人称"打扰"，托人办事称"拜托"，赞人见解称"高见"等等。

184

2.谦语。谦语亦称"谦辞",它与"敬语"相对,是向人表示谦恭和自谦的一种词语。谦语最常用的用法是在别人面前谦称自己和自己的亲属。例如,称自己为"愚"、称家人为"家严、家慈、家兄、家嫂"等。自谦和敬人,是一个不可分割的统一体。尽管日常生活中谦语使用不多,但其精神无处不在。只要你在日常用语中表现出你的谦虚和恳切,人们自然会尊重你。

3.雅语。雅语是指一些比较文雅的词语。雅语常常在一些正规的场合以及一些有长辈和女性在场的情况下,被用来替代那些比较随便,甚至粗俗的话语。多使用雅语,能体现出一个人的文化素养以及尊重他人的个人素质。在待人接物中,要是你正在招待客人,在端茶时,你应该说:"请用茶"。如果还用点心招待,可以用"请用一些茶点"。假如你先于别人结束用餐,你应该向其他人打招呼说:"请大家慢用"。雅语的使用不是机械的、固定的。只要你的言谈举止彬彬有礼,人们就会对你的个人修养留下较深的印象。只要大家注意使用雅语,必然会对形成文明、高尚的社会风气大有益处,并对中国整体民族素质的提高有所帮助。

(二)日常场合应对

1.与人保持适当距离。说话通常是为了与别人沟通思想,要达到这一目的,首先当然必须注意说话的内容,其次也必须注意说话时声音的轻重,使对话者能够听明白。这样在说话时必须注意保持与对话者的距离。说话时与人保持适当距离也并非完全出于考虑对方能否听清自己的说话,另外还存在一个怎样才更合乎礼貌的问题。从礼仪上说,说话时与对方离得过远,会使对话者误认为你不愿向他表示友好和亲近,这显然是失礼的。然而如果在较近的距离和人交谈,稍有不慎就会把口沫溅在别人脸上,这是最令人讨厌的。有些人,因为有凑近和别人交谈的习惯,又明知别人顾忌被自己的口沫溅到,于是先知趣地用手掩住自己的口。这样的做法形同"交头接耳",样子难看也不够大方。因此从礼仪角度来讲一般保持一两个人的距离最为适合。这样做,既让对方感到有种亲切的气氛,同时又保持一定的"社交距离",在常人的主观感受上,这也是最舒服的。

185

2.恰当地称呼他人。无论是新老朋友，一见面就得称呼对方。每个人都希望得到他人的尊重，人们比较看重自己业已取得的地位。对有头衔的人称呼他的头衔，就是对他莫大的尊重。直呼其名仅适用于关系密切的人之间。你若与有头衔的人关系非同一般，直呼其名来得更亲切，但若是在公众和社交场合，你还是称呼他的头衔会更得体。对于知识界人士，可以直接称呼其职称。但是，对于学位，除了博士外，其他学位，就不能作为称谓来用。

3.善于言辞的谈吐。不管是名流显贵，还是平民百姓，作为交谈的双方，他们应该是平等的。交谈一般选择大家共同感兴趣的话题，但是，有些不该触及的问题：比方对方的年龄、收入、个人物品的价值、婚姻状况、宗教信仰，还是不谈为好。打听这些是不礼貌和缺乏教养的表现。

四、日常礼仪不良举止

1.不当使用手机。手机是现代人们生活中不可缺少的通讯工具，如何通过使用这些现代化的通讯工具来展示现代文明，是生活中不可忽视的问题，如果事务繁忙，不得不将手机带到社交场合，那么你至少要做到以下几点：将铃声降低，以免惊动他人。铃响时，找安静、人少的地方接听，并控制自己说话的音量。如果在车里、餐桌上、会议室、电梯中等地方通话，尽量使你的谈话简短，以免干扰别人。如果下次你的手机响起的时候，游人在你旁边，你必须道歉说："对不起，请原谅"，然后走到一个不会影响他人的地方，把话讲完再入座。如果有些场合不方便通话，就告诉来电者说你会打回电话的，不要勉强接听，而影响他人。

2.随便吐痰。吐痰是最容易直接传播细菌的途径，随地吐痰是非常没有礼貌而且绝对影响环境、影响人们的身体健康的。如果你要吐痰，把痰抹在纸巾里丢进垃圾箱，或去洗手间吐痰，但不要忘了清理痰迹和洗手。

3.随手扔垃圾。随手扔垃圾是应当受到谴责的最不文明的举止之一。

4. 当众嚼口香糖。有些人必须嚼口香糖以保持口腔卫生，那么，应当注意在别人面前的形象。咀嚼的时候闭上嘴，不能发出声音。并把嚼过的口香糖用纸包起来，扔到垃圾箱。

5. 当众挖鼻孔或掏耳朵。有些人常喜欢用小指、钥匙、牙签、发夹等当众挖鼻孔或者掏耳朵，这是一个很不好的习惯。尤其是在餐厅或茶坊，别人正在进餐或茶，这种不雅的小动作往往令旁观者感到非常恶心。

6. 当众挠头皮。有些人头皮屑多，往往在公众场合忍不住头皮发痒而挠起头皮来，顿时皮屑飞扬四散，令旁人大感不快。特别是在那种庄重的场合，这种举动是很难得到别人的谅解。

7. 在公共场合抖腿。有些人坐着时会有意无意地双腿颤动不停，或者让跷起的腿像钟摆似的来回晃动，而且自我感觉良好以为无伤大雅。其实这会令人觉得很不舒服。这不是文明的表现，也不是优雅的行为。

8. 当众打哈欠。在交际场合，打哈欠给对方的感觉是：你对他不感兴趣，表现出很不耐烦了。因此，如果你控制不住要打哈欠，一定要马上用手盖住你的嘴，跟着说："对不起"。

第三节　影响青少年人际交往的因素

交往是当代青少年完成学业、人格发展的一个重要课题。交往既能给青少年带来幸福和欢乐，也能造成无穷的苦恼与悲伤；交往既能促进青少年之间的友谊，也能导致人际冲突和矛盾。

交往关系处理得当，不仅在青少年心情陶冶、互助交流上起很大作用，而且对他们形成美好理想、崇高的人主追求具有特殊的意义。但青少年由于自身成长过程中固有特点及涉世不深、经验不足，对人际交往的认识不够，难免会出现这样那样的交往障碍。当前，青少年常见的人际交往障碍有认知障碍、情感障碍、人格障碍和能力障碍等。

187

一、认知障碍

认知障碍在人际交往中，特别对于学生这一交往主体而言，表现突出而常见，这是由中学生交往特点所决定的。中学生的交往特点之一是理想化。中学生自我意识开始增强。但其社会阅历有限，客观环境的限制使其不能够全面接触社会，了解人的整体面貌，心理上也不成熟，因而经常是先在自己头脑中塑造一个理想的模型。然后据此在现实生活中寻找知己，一旦与实现不符，则交往产生障碍。中学生的交往特点之二是自我中心，即以理想的自我来确定择友标准。而理想自我的不现实性往往造成人际交往障碍，如自己对某人印象不好时，就觉得什么都不顺眼，产生坏的看法和否定的态度；自己喜欢的东西就以为别人也喜欢，认为自己所喜欢的东西就是美好的，而自己所讨厌的东西则是丑恶的；自己对某人有看法，就认为对方也在搞鬼。如此等等，使人际认知失去客观性，造成交往障碍。

二、情感障碍

人与人之间的交往常由感情而萌发，情感成分是人际交往的重要部分。中学生由于感情丰富、变化快，有时对人对事过于敏感和不重客观，重一时不重全面而使行人际交往缺乏稳定性，产生各种障碍。

1. 恐惧引起的交往障碍。有些中学生有交往的欲望，但无交往的勇气。常常表现为与人交往时（尤其是在大众场合下），会不由自主地感到紧张，害怕以至手足无措、语无伦次，严重的甚至害怕见人。尤其害怕与比自己水平高、能力强及有所成就的人进行交往，怕他人瞧不起自己。有的同学一到人群中就觉得紧张不安，在课堂上、教室里、图书馆，都会觉得别人在注意自己、挑剔自己，轻视或敌视自己，以至无法安下心来听课、看书、做作业。这些恐惧使生活暗淡、不愉快，造成一系列不良的心理反应。

2. 嫉妒引起的交往障碍。嫉妒是指在意识到自己对某人、某事、某物品的占有意识受到现实的或潜在的威胁时产生的情感。其主要表现为对他人的长处、成绩等心怀不满。这样的学生往往心理承受能力较差，经不住挫折；容不得甚至反对别人超过自己；对胜过自己的同学轻则蔑视，重则仇视，有的甚至不择手段地攻击、报复对方。嫉妒的种类很多，有的因容貌、家庭条件等因素而产生嫉妒；有的因智力、能力、交往等因素产生嫉妒。从而引起交往障碍。

3. 自卑引起的交往障碍。在交往活动中，自卑表现为缺乏自信、自惭形秽，想象成功的体验少，想象失败的体验多，自卑的浅层感受是别人看不起自己，而深层的体验是自己看不起自己。当出现深层体验时，便觉得自己什么都不行，似乎所有的人比自己强得多。因而，在交往中常感到不安，将社交圈子限制在狭小范围内。

4. 自傲引起的交往障碍。自傲与自卑的性质相反，表现为不切实际地高估自己，在他人面前盛气凌人、自以为是，过于相信自己而不相信他人，总是把交往的对方当作缺乏头脑的笨蛋，常指责、轻视、攻击别人，使交往对方感到难堪、紧张、窘迫，因而影响彼此交往。

5. 孤僻引起的交往障碍。孤僻有两种情况，一是孤芳自赏，自命清高，不愿与人为伍，与人不合群，自己将自己封闭起来；另一种属于有某种特殊的怪僻，使人无法接纳，从而影响了人际交往。

三、人格障碍

人际交往中，人格因素有至关重要的作用。所谓人格，简单地说是指人在各种心理过程中经常地、稳定地表现出来的心理特点，包括气质、性格等。

从气质角度看，有些学生属胆汁质气质的类型，他们常因一点小事而突然怒不可遏，对人大发雷霆，使对方深感委屈和不满。有些青少年属于黏液质气质类型，他们反应慢，不灵活。办事慢慢吞吞，难以同时处理几样事情，难以从一个问题转入另一个问题，常因多血质的学生不耐烦，催促他、指责他，而产生不快。

从性格角度看，有些青少年属外向型性格，他们活泼好动、乐观开朗、善于谈吐、感情易变、性情急躁，他们既具有吸引力，又易于使人反感，容易引起冲突；有些学生属于内向型性格，他们对周围的事不大关心，不喜欢与人交往，与亲人之外的其他人保持一定距离，使交往不

189

能顺利进行。

人格障碍，还表现为有些青少年人格不健全，动不动发火、生气、脾气暴躁、态度生硬、对人充满敌意，或者自我陶醉，受人摆布，易受委屈等，由此而经常发生人际冲突。中学生交往中常见的人格不健全还表现为自私自利、苛求于人、为人不正派、不尊重他人等现象，引起交往障碍。

四、能力障碍

人际交往能力的欠缺是影响人际交往的原因之一。当前，不少青少年缺乏交往的经验，尤其是成功的经验。他们想关心人，但不知从何做起；想赞美人，可怎么也开不了口或词不达意；交友的愿望强烈，然而总感到没有机会；交往中想表现自己却不能如愿；内心想表示温柔，言语却是硬邦邦的，如此等等，阻碍了交往的顺利进行。

青少年人际交往障碍会给他们的学习、生活、情绪、健康等方面带来一系列不良影响，还会给他人造成困扰。我国已故的著名医学心理学家丁瓒教授曾经指出："人类的心理适应，最重要的就是对于人际关系的适应，所以人类的心理病态，重要是由于人际关系的适应，所以人类的心理病态，重要是由于人际关系的失调而来的"，如有些学生学习成绩下降，上课时精力难以集中，这些看似学习上的问题，其实有些并不是学习本身所带来的，而是人际关系紧张所导致的。因此，我们要帮助、指导学生消除交往障碍，减少人际关系的矛盾，提高他们的人际交往水平和能力，提高他们对生活的满意度，改善他们的人际关系。

（一）提高交往认识

交往水平和能力的提高，来源于交往正确的认识和正确的动机。因此，我们必须把提高学生对交往的认识，树立正确的交往动机放在首位。马克思曾经说过，交往是人类的必然伙伴，今天的社会同过去相比，已经有了巨大的差别。现代社会的基本特征之一是开放性，它和周围的环境无时无刻不发生着种种错综复杂的联系和交流。社会的开放使得人与人之间的联系更加紧密，更加方便，又使人产生了众多的欲望和更高的情趣，只有扩大交往才能适应社会，只有积极地进行交往，才有

190

利于人的智力和创造力的发挥，另外，交往具有积极的社会功能和心理功能。心理学家认为，交往具有"整合"、"调节"、"保健"功能。"整合是指以个体为生活与生存单位的人，通过交往纽带而连结成为社会群体；"调节"就是协调人与人之间的行为，使之在社会生活中保持平衡，避免产生相互干扰与矛盾冲突；"保健"就是交往对个人的身心健康有利，我们要通过各种有效途径，采取各种有效方法，向学生讲明交往的重要性和必要性，促进学生积极、主动地进行交往。

（二）学习交往艺术

交往是一门艺术，这个"艺术"，实际上就是一把钥匙开一把锁。现实生活中，各种各样的人都有，我们应学会与各种人交往。具体说，

1. 学会同心胸狭窄的人交往。心胸狭窄的人一是容不得人，嫉妒比自己强的人，看不起不如自己的人；二是容不得事。同这种人相处，一要"大度"，做到能谅解，能忘怀；二要"忍让"，退一步海阔天高，但这里所说的忍让，不是要放弃原则，迁就其错误。

2. 学会同生性多疑的人交往。当对方有了疑心，要冷静分析产生猜疑的原因，并采取相应的措施，以消除对方的猜疑；当一时不能消除对方的猜疑，可暂不理论，仍坦然相处。

3. 学会同性格孤僻的人交往。有些性格内向的人，性情孤僻，不爱多说话，不愿向别人吐露自己的真情实感，有的往往喜欢抓住谈话中的细微末节，进行联想，胡乱猜疑，同这种人交往，一要采取积极主动的态度，注意选择适当的话题，一般说来，应选择容易切入他们兴奋点的话题，使他们在不知不觉中与你交流；二要善于捕捉对方的情感变化，认真考虑措辞，筛去那些容易引起歧义的词语，以防引起他们不正确的联想。

4. 学会同任性的人交往。在现实生活中，有些人想说什么就说什么，想做什么就做什么，我行我素，不管人家怎么说，他还是照他本人的一套去做。同这种人相处，一要体谅对方，求大同存小异，谦让一下，不固执己见，遇到彼此的设想不一致时，体谅对方，把自己的想法放进括号里，作出迁就；二要帮助任性者克服自以为是的不良作风，使他们能认真考虑别人的意见，勇于放弃自己错误的或不全面的看法，虚

191

心地接受别的正确意见。

5. 学会同犯过错误的或后进的人交往。犯过错误的人与后进的人比较普遍地存在着自卑和悲观的情绪，他们最为强烈的需要是人们的理解和信任。同他们相处，要遵循两个原则：一是关怀、帮助他们，使他们认识之所以后进或犯错误的原因，从而改正错误，奋起直追。同时，还要帮助他们克服一些生活上、学习上和工作上的困难。二是在以朋友的真诚去取得他们信任的基础上，设想点燃其自尊心的火种。

（三）加强心理调适

在人际交往中，自始至终存在着矛盾。当一方不能满足另一方的需求时就会产生交往冲突。为解决交往冲突，必须加强心理调适。如当朋友误解自己时，要学会换位思考。要考虑对方为什么会对你产生误解，千万不可认为自己没有错，意气用事，你不理我，我也不理你，甚至责怪对方，要站在对方立场上去领会对方的动机，弄清误解的前因后果，主动与朋友言归于好；当得不到朋友谅解时，要寻找机会，设法疏通。交往中，有时自己会做出对不起朋友的事，如果你的这位朋友不能谅解你，对你耿耿于怀，你切不可回避事实。如果真正希望朋友谅解自己的过失，必须真心真意地向对方认错、道歉，把话说明，把心灵敞开，让对方了解自己的愧疚，更主要的是要用行动去弥补过失，取得朋友的谅解；当说话过于直爽而伤害他人时，事后要主动向对方表示歉意，表明自己的原意，以沟通思想，消除隔阂。中学生一般都具有说话直爽、心里有什么就说什么的特点。说话直爽是优点，但若不考虑时间、场合，不考虑对方的接受能力，过于直爽或生硬，有时难免"无意伤人"。

因此，我们说话时，特别是指出对方的问题、进行批评的时候，要讲究方式方法，尽量使忠言不逆耳，含蓄、幽默、风趣一点，让人乐意接受，能够接受；当同异性交往遇到非议时，要保持冷静的态度，一是身正不怕影子歪，只要自己的交往是光明磊落的，就不要怕别人议论，让事实说话；二是不能因噎废食、干脆断绝与异性的交往，因为同异性不仅有利于心理的整合，也有利于异性间的取长补短。断绝与异性的交往，对事业和自身发展不利。

192

（四）培养交往能力

1. 培养语言能力。人们传达思想、交换意见与表达感情、需要等，使用得最多的交往工具就是语言，俗话说："良言一句三春暖，恶语伤人六月寒"。语言是一把双刃的剑，它既能创造更好的人际关系，亦能破坏人际关系。因此，要想顺利进行人际交往，必须十分重视语言能力的培养。一要明确说话目标，每说一句话，都应先想一想可能产生的效果，切忌没有目标或目标模糊的说话；二是接着听者的感情脉搏说话，尽可能地在听话人的基本需要结构和当时的心境状态下引发话题，阐明道理，分析事实，让对方在心平气的情境中，理解说话者所说的意思；三要学会听话。会说话必须先会听话，即听说话人话语的真伪，捕捉其真意和事实。具体地讲，要全神贯注地听别人说话，边听边概括对方说话的要点，还要协助对方把话说下去，更要善于听出说话者的言外之意；四要敢于说话，克服恐惧情绪。

2. 培养非语言能力。非语言主要指人的面部表情、姿势、动作等。如在听对方说话时，不要把视线一直死盯着对方，也不要一直把视线移离对方。更不可听甲说话时，却把视线集中在乙身上；当坐着与对方交谈时，坐姿要端正、自然、大方。落座时动作要轻，落座后目要平视，注意与你交谈者或发问者之间目光的接触，不要东张西望，或打量人家室内的陈设而忽视对方。不要仰靠在坐椅或沙发上，腿不要抖动，更不要当着对方伸懒腰、挖鼻孔、剔牙齿等。一句话，一个眼神，一个手势都要有利于感情的交流，都要得体，都能意识到其后果。

值得一提的是，人际关系中最有价值、最重要的一个特征就是真诚。要懂得"你要别人怎样待你，你就得怎样待人"，懂得"得到朋友的最好办法是使自己成为别人的朋友"。

第四节　青春期青少年交友分析与引导

青春期是儿童向成人过渡的阶段，这个时期的青少年正经历着一个"心理断乳期"。随着生理发育的高峰，心理上趋向拓展自己独立的活动天地，开创自己的交际空间，以此倾诉困惑，解答疑问，展示自己的能耐,于是很自然地产生了交友的欲望。事实表明绝大多数的青少年都有较为固定玩伴群,无朋友的只是极少数,很大比例的青少年都有几位较好的异性朋友。然而,进入青春期的学生,他们在交友问题上还没有遇到过挫折和矛盾,尚欠缺必要的辨别能力和交友技能,需要教育工作者进行正确的引导,以保障青少年在成长过程中始终保持健康的心理,为他们今后适应社会打好稳固扎实的基础。

一、同学友

总体来说,学生的交友圈子比较单一,限定在比较窄的范围内,据调查显示,接近九成的同学选择的好朋友是同班同校的同学,因为受周围环境的影响,同班同校碰面机会多,共同参加集体活动,这符合人交际交往的临近性规律。他们经常在一起游戏、吃东西、学习、运动,有时购物、甚至上厕所时也形影不离,然更多的时候是在闲聊,这说明学生希望与有共同兴趣爱好的人交友,更喜欢的是进行心灵上的交流。

值得注意的现象是,在学校中,教师常常用"好学生"作为标尺,教育其他学生向他们看齐,可是这些"好学生"往往没有"相好"的,最起码在这班里不会有真正的"铁哥们"。这些同学被"好学生"的框框定格了,这种身份成了他们与其他人交往的障碍,也成为同学之间相互接近的隔膜,反倒是那些常常遭受批评的后进生之间,相互交往更紧密一些。

作为教育工作者,无论对好学生还是后进生要一视同仁,要正确引导孩子的交友,通过各种渠道帮助和引导他们在交友时讲求交友原则,提高友情质量,要接触广泛的人群,多交几个志趣相投的朋友,取长补短,在学习上互帮互学,共同进步,与正直、诚实守信的人交往,在品行上给朋友以好的影响,促进良好思想品德的形成和发展。

二、寝室友

处于同一寝室,相处时间多数是在校规校纪之"外",比起在老师的面前,在同学们的目光中有"更宽松"的气氛,有一定的"自由度"。

在小范围的交往人群中，可以交到真实的对象，捉摸到其最朴素的心灵，交到挚友，但也有与室友难以相处的情况。

难以相处一般有两种情形：一是回寝室没有归宿感，不愿回，不想回；二是与寝室中的某个人合不来，产生"邻人偷斧"的心理，越不喜欢谁，看他的动作、听他每一句话心里都不舒服。长期与室友相处不好，会影响心情，甚至会影响到处世观的确立。要改善这种关系，以下几种方法值得借鉴。

1. 反省自己

如果你在寝室比较孤立，其他人集体孤立你一个人，你就必须检讨自己了：也许你的行为太"以自我为中心"了——凡事很少为别人着想？该休息的时候发出声音影响他人；或者对寝室公共事情不关心，打水扫地不积极？有东西从不与别人分享，而分享他人的东西却毫不客气；也许你把心圈定在自己的小空间，从不允许别人越过一步，自己也不迈出去，从不与大家聊聊天……这些看似不大的事情，时间长了会伤害别人的感情。要想与室友相处好一点，只有改变自己，从小事做起，不影响别人休息，积极打水扫地，与别人分享好东西，一块聊聊天，做这些事情时表现出诚心，坚持下去，自然会改善与室友的关系。

2. 学会宽容

交友要有气度，要有宽容的胸襟。同室相处、接触多，难免会勺子碰锅沿，对于有的室友不良的生活习惯，不妨开诚布公地指出来，因为有时候是他自己没有意识到，有人给他指出来可能他以后就会注意了。邻铺的同学弄皱弄脏了你的床单，不去计较好了，如果经常为这些小事不满，真的很难相处。

3. 正确看待每个人的不足

金无足赤，人无完人。不能因为谁有某种不足就讨厌他，如果这个缺点不是品质上的，只是生活小节上的，就让让他，斤斤计较只能失去朋友。

195

三、异性朋友

学生进入青春期后，随着性器官的发育，性激素的分泌和刺激，开始对异性产生好感，继而希望和异性接触和交往，更愿意小范围内的三五成群的男女聚在一起。同学间常有关于谁与谁好的传闻，有个别同学在青春萌动方面反应比较强烈，还因此难以控制自己的感情，以至于扰乱了自己正常的学生生活，也会影响自己身体健康。

那么，处于青春期的中学生应如何处理好异性交往呢？

1. 成人方面

当今社会男女平等，男女交往不但可以使集体更加团结，而且能使他们在心理、智力、能力方面的优势得到交流和发展，但是毕竟男女有别，教师、家长要引导他们正确把握与异性同学交往的"度"，对男女同学的正常交往，不能片面认为就是"早恋"，一棍子打死。做到既要大度，又有责任教育和指点，要通过授课、组织讨论与交流，组织观看家庭教育电影、电视、录像等影像资料等方式开展集体指导活动，推荐和提供文字资料的供学生学习，此外，还要通过心理咨询、个别访谈、家庭访问等形式个别指导。

2. 学生自己

第一，应该以科学的态度，了解自身的生理特点，学习一些有关性方面的知识，破除对异性的神秘感，同时又不能过于强调生理学因素，还应理智地约束自己的思想、行为，树立高尚的道德观，正确对待自己，对待异性同学。

第二，学会男女同学自然交流。男女同学不必过分拘谨，要消除不自然感，在交往中体现各自性别的特有魅力，显示自己的性别优势，如男同学表现出男子汉气质：豪爽、乐于助人、有责任心等，女同学表现出女性魅力：文雅、仪表端庄、善解人意等。在交往过程中要防止过分随便、嬉笑打闹，也不能在异性面前过分卖弄，夸夸其谈，或者得理不饶人，只会使人产生反感。

第三，保持健康心理，遵循交往原则。处于青春期的少男少女，希望得到同班尤其是异性的认可，这无可厚非，但应当主动调节自己的心态，克服自己和把持自己在此方面过度的欲望，把更多的精力投入到学习中，只要遵循与异性交往的几个原则，就可以使原来棘手的问题变得明朗起来，即宜泛不宜专、宜短不宜长、宜疏不宜密、宜浅不宜深。

四、网友

现在许多家长和教师只关心学生的学习成绩，忽视了孩子的情感和精神的需求。而青春期正是学生由幼稚走向成熟，由依赖成人转向独立的关键时期，学生的心理表现出"闭锁性"，不愿意与家长或老师进行过多的交谈，而网络恰恰在这个时候满足了他们的心理需求。网络的虚拟性、隐匿性，使人与人之间可以不公开自己的真实姓名，不用担心对方泄露自己的秘密，思想上没有什么负担，可以放心地在网上倾诉自己内心的烦闷，能与对方平等地进行交流，因而学生很热衷于网上交友，许多学生有过一次上网经历，便难于中断与网友继续交流。

对于网友的问题，作为家长和学校还是以疏为好。一味地禁止，只会增加"网恋"的神秘感，教师要放下传统的师道尊严，以身作则，做学生的良师益友，关注和诱导孩子，常与他们谈心，了解他们在网上的交友情况，教育他们在网络这个看起来很虚拟的世界要时刻提高警惕，保护自己不受欺骗和伤害。

五、社会上的朋友

青春期的青少年有较强的求知欲和参与意识，他们不满足学校里所学的知识，也不满意枯燥的学生生活，当感到个人意识得不到老师和父母的认同时，就将压抑在心中的积虑找"相投"的朋友交流，于是率先走向社会，接触社会上的各色人等。

如果要选择朋友，定要结交好的朋友。而许多青少年，往往弄不清楚朋友的真正含义，甚至错误地认为，建立在满足自己欲望之上，依靠吃喝维系的酒肉朋友才够哥们。而事实上往往因为这样的狐朋狗友，讲友情，不论是非，造成了青少年犯罪的增加。从对犯错的青少年调查表

197

明，因交友不慎而犯错误者，男生为 83％，女生为 73％，这类教训是非常深刻的。

因此，青少年首先要学会正确地对待父母、老师的教育，学会请求他们的帮助。毕竟成人的社会经验比较丰富，判断能力也较强。其次，应慎交朋友，不要盲目信任，很好地分辨谁是益友谁是损友，对于损友，最好"敬"而远之。最后，弱化物质性的互惠关系。在人际交往中，难免有酬赏性的比较水准，但一般情况下，功利的互惠转变为现实，不会长久，而心理的互惠能持续长久，所以交友一定要交好朋友，交心灵相映的朋友。